U0875953

为 人 生 提 供 领 跑 世 界 的 力 量

BLACK SWAN

思维破局

马华兴　著

北京联合出版公司
Beijing United Publishing Co.,Ltd.

序　言

作为咨询师，我培养了这三种思维

2011年，我开始从事职业生涯规划发展领域的咨询工作。从2011年到现在，我接待了约1000位来访者，从在校大学生到已经在职场打拼20年的资深企业高管，这些咨询案例几乎涵盖了所有行业。

在做咨询师的过程中，我发现很多时候，来访者会掉进他们给自己设置的思维困局，而我作为咨询师，一项很重要的工作内容就是帮助来访者完成思维的破局。这种困局往往表现为以下三种形式：

1. 迷宫。来访者在里面走了一圈又一圈，每一次都回到原地，总是走不出去；

2. 拼图。来访者手握拼图，努力地拼凑，却怎么也拼不出全貌；

3. 擂台。来访者的内心深处好像有几个小人在打拳击，始终难分高下。

来访者被困在迷宫里，而我站在迷宫上方一览全局；来访者为拼不对的拼图绞尽脑汁，而我却看到了拼图背面藏着的标记；来访者心里的两个小人正在台上打擂，而我站在台下对比赛的胜负已经了然。通过仔细观察和归纳，我发现自己在做咨询的过程中不自觉地培养了以下三种思维：

一、“属加种差”思维

用“属加种差”的方法界定一个事物需要经过两步：

第一步，先确定它属于某一类；

第二步，确定它与其他事物的差别。

比如，我们将手机定义为可以在较广范围内使用的便携式电话终端。其中，“电话终端”是我们对它的归类，“在较广范围内使用”“便携”是它与其他类型的电话终端的区别。

手机是一个比较具体的事物。对于较为抽象的事物，比如能力，我们给它的定义是完成一项目标或者任务所体现出来的综合素质。其中“综合素质”是我们对它的归类，“完成一项目标或者任务”是一种限定，体现了它与其他概念的差别。

事实上，现在看来“属加种差”不仅是一种定义方法，还是一种思维方式。

当一个人绝望地说出“我不善于营销”这句话时，如果我们采用“属加种差”的思维方式来分析它，可以得知：

- 这句话是一个观点；
- 它与其他观点的差别在于，它否定了个人的营销能力。

也就是说，这句话是他否定自己的营销能力的一个观点。意识到这一点，我们就能够帮助他完成思维破局。

首先，我们可以与他一起探讨这个观点是怎么形成的，它是不是正确的，是不是事实。如果是事实，我们可以看看这个状况可不可以改善和解决，如果可以，就一起讨论改善和解决它的方法；如果不可以，我们就尝试挖掘和探讨他所具备的其他能力。

很多时候，我们之所以陷入困局，就是因为我们的“界定”出了问题，我们不知道自己的那些“界定”其实并不准确。这时，如果能用“属加种差”的思维方式来重新审视这些“界定”，我们就能走出困局。

二、变通思维

现实生活总是在不断地发生变化，懂得变通是一种很重要的能力。

《三国志·贾诩传》里写到了这样一个故事，曹操出兵攻打张绣的时候，有一天早晨突然撤退了，这时，张绣打算亲自追讨。贾诩告诉张绣不要追击，追击必败。张绣没有采纳贾诩的建议，执意派兵追击，果然大败而还。

此时，贾诩却劝张绣，让他返回去接着追击，并声称此次追击一定会获胜。这一次，张绣听从贾诩的建议，果然凯旋。

在这个故事里，贾诩给出两个完全相反的建议，原因就在于战场的形势发生了变化，他因势利导，自然能够赢得战争的胜利。这就是拥有变通思维的典型例子。

曾经，我的一个来访者面对某个工作选择，左思右想了好几个月还是无法做出决定，他对我说：“我这个人做事都是要深思熟虑才能决定的。请你帮我再梳理一下，看有没有我没有考虑到的地方。”

结果，我帮他梳理完，他依然犹豫不决，于是我问了他一个问题：“在什么情况下，你会不深思熟虑就做出选择呢？”这个问题就是在引导他跳出“必须深思熟虑才能决定”的局限，运用变通的思维走出困局。

三、元认知思维

查理·芒格说：“人类只有发明了发明的方法之后才能快速发展，我们只有学习了学习的方法之后才能成为高手。” 美国心理学家约翰·弗拉维尔认为，我们在学习的过程中，一方面进行着各种认知活动（感知、记忆、思考等），另一方面又会对这些认知活动本身进行再认知（再感知、再记忆、再思考），这种再认知的行为就是元认知。前两天，我跟女儿一起观看了电影《寻梦环游记》，这部影片使我深受感动，热泪盈眶。影片结束后，我开始反思自己为什么会热泪盈眶，我问了自己几个问题：

影片中的哪个情节最使我感动？

为什么这个情节如此打动我？

这种感动背后的深层原因是什么？

通过对这几个问题的回答，我找到了答案：

这部影片中最打动我的一个情节是主人公——小男孩米格尔的曾曾祖父埃克托向一位快要从亡灵世界消失的朋友借吉他，并为他唱了一首歌，歌曲结束后，那个朋友就消失了。这个情节之所以如此打动我，是因为它使我想到“传承”，我为传承无法继续而痛心。我之所以会为之痛心，是因为我看重“传承”。

以上这个反思的过程，就是体现了元认知思维。

当你陷入困局，比如，你发现自己总是不太自信时，你不妨运用元认知思维，问问自己：我为什么会不自信呢？这种不自信的状态是如何产生的？又是如何一步步被强化的？在此之前我做了什么？在此之前我有着什么样的想法和感受？

回答了这些问题，我相信你会知道自己该怎么做。

以上这三种思维，我曾在咨询工作中反复使用，效果很好。作为读者的你，如果能够学会使用这三种思维，就能自己破除困局，就能把握自己的命运。

在这本书里，我会从思维、职业、能力、资源、选择、行动这六个角度来进一步分析和阐述我的观点，先后通过“调整对过往事件的认知”“全面拆解各行业”“评估个人能力”“评估个人资源”“引导你做出选择”“制订目标和计划”等六个步骤，帮助你适应现有的环境，创造符合自我期许的生活方式。

本书最后还有七个实战问答，每一个都是让职场人士深受困扰的职业发展问题，它们将为拥有相同烦恼的你指点迷津。

这本书，你可以选择按照页码的顺序来阅读，也可以就自己感兴趣的话题直接翻到相关的页面寻找答案，还可以按照“风吹开哪一页就读哪一页”的方式来阅读。

愿你翻开本书，看见命运的转机。

目　录

职业投资：

擦亮眼睛，抓好职业这副牌

2

能力管理：

让能力长成一棵树，而不是一片草

3

4 支持系统：

资源和能力迭代升级，加速变现

5 多维选择：

如何做决定，才能掌控自己的人生

6 行动改变：运用模型实现从容转变

7 实战问答

1. 思维破局

只有没想通的人，没有走不通的路

解锁生活中很多困局的钥匙，就在思维。思维一变，就如同推倒第一块多米诺骨牌，后边的行为会跟着变化，最终产生戏剧般的结果。

1.1 捅破思维的窗户纸很容易

我的女儿刚上二年级的时候，有一天我接她放学，一路上她哭丧着脸，回到家后还忍不住哇哇大哭起来。我很好奇，便问她在学校里发生了什么。

只见她拿出一张画来，画上是一棵树，上边有三个字“优点树”。女儿说，社会课上，老师发起了一个叫“夸夸我”的活动，这个活动要求班里的每名同学在纸上画一棵“优点树”，然后在苹果形状的便笺上写出其他同学的优点，写好之后贴到对方的“优点树”上。她给七个同学送出了“苹果”，而自己却只收到了一个，那唯一的一个“苹果”上写的是：“画画好”。为此，她非常伤心。

如果你也为人父母，遇到这种情况可能会劝说她扩大交友圈，多交些好朋友，又或者勉励她多发展长处，进一步完善自我。但我并没有这么做，当时我灵机一动，给她讲了一个故事：从前，有一位服装设计师，她能设计出许多精美的图案，很多人慕名前来，请她设计服装。在一次采访中，一名记者问了她一个问题："是什么原因促使你从事这份工作这么多年？"这位设计师想了想，说："我上小学的时候，班里搞过一个活动，叫'优点树'。每个同学都在苹果形状的便笺上写出其他同学的优点，然后将便笺贴在对方所画的'优点树'上。我送出去了七个'苹果'，却只得到了一个'苹果'，那是我的好朋友送的，她写了'画画好'三个字。当时我很伤心，但是后来我想，既然我画画好，那就应该去画画啊，也许这就是命运对我的安排。就是这个想法，促使我一步步走到了现在。"

女儿听完我讲的故事，恢复了平静。

在最初写这本书时，我突然想到了这件事，就把它放在了书的开头。

有句话说"化腐朽为神奇"，我想我当时就是干了这样一件事。那么当时的我到底是怎么做到"化腐朽为神奇"的呢？这一切都是源于思维的转变——我把"只有画画好这一个优点是件令人伤心的事"的想法变成了"既然拥有画画好的优点，就应该充分地利用它"。思维一变，我的行为就跟着变了。这，就是"思维破局"。

帮助我们解锁生活中很多困局的钥匙，是思维。思维一变，就如同推倒第一块多米诺骨牌，后边的行为会跟着变化，最终产生戏剧化的结果。

思维，是个有意思的东西，它伴随着我们的每一次呼吸。我们说的每一句话、做的每一件事，背后都存在着思维活动。

试着想象一下下边的这个场景：

"你被挤进地铁里，前边的人贴着你的胸，后边的人挤着你的背，你皱了皱眉，身体拱了两下，紧紧抓住了扶手。”你虽然没说一句话，但是在你心里已经产生出很多念头。

1.“我不想这么挤。”

2.“上班的人真多，所以挤。”

3.“后面那人怎么回事，为什么一直挤我？”

4.“在这座城市奔波真痛苦。”

5.“凭什么我在这里受苦？”

6.“好讨厌，我没法呼吸了！”

7.“你要下车应该提前说一声，这么乱挤真讨厌！”

8.“哎！旁边那人玩游戏的技术真烂，连那三个不就全消了吗？”

……

你想想是不是这样？你的大脑无时无刻不在运转，内心的念头一个接一个地蹦出来。佛家讲的“万念”，就是这个意思。左右你的每一个决定的，就是这些思维活动。你在拥挤的地铁里皱眉，然后采取了一个行动——前后拱了两下。这个行为背后隐藏着一个念头：“我得舒服，只有让自己有点空间才能舒服，只有稍微地冒犯一下挤我的人才能让他们腾出空间。”当然，这个念头几乎是倏忽间闪现的，然后你就做出了决定，采取了行动。

困住我们的，也多是思维。

小鹏在微信公众平台上问我：“老师，我比较内向，所以跟上司和同事总是沟通不畅，他们说的一些话我反应不过来，所以他们都觉得我做事不可靠，我该怎么办？”

各位，看完这句话，你洞察到这背后的思维活动了吗？

我们来拆解一下。

首先，“我很内向”。事实上他未必真的内向，这句话表达的应该是“我认为我很内向”。

这就是一个判断、一个观点，也是一个思维活动。

这个思维活动是怎么形成的？他为什么会认为自己内向？谁告诉他的？是他测出来的？还是他通过其他什么渠道得知的？

其次，“所以跟上司和同事总是沟通不畅”。他想表达的意思是“内向意味着会跟上司和同事沟通不畅”，这显然又是一个观点，这个观点有待推敲。因为我们能够找到成千上万的反例来证明，内向的人也能够有很强的沟通能力。

再次，“他们说的一些话我反应不过来”。这背后又是一个观点：“内向意味着对方说的话我反应不过来。”接着，“所以他们都觉得我做事不可靠”，这句话背后的逻辑是：“对方说的话我反应不过来，意味着我做事不可靠。”

好了，当我们把这段话做如上拆解之后，我们会发现，这些念头都是小鹏自己构建出来的，他的一系列思维活动把自己困住了。其实，他可以认为“自己并不内向”，可以认为“内向也可以沟通顺畅”，还可以认为“内向也可以对他人的话给出合理的反应”，认为“即便内向、与人沟通不畅，做事也能可靠”。

有些人坚信“我必须先找到一条对的赛道，再开始行动”，并为此纠结多年；有些人坚信“我必须做自己喜欢的事”，因而屡次更换工作，继而错过发展期；有些人和小鹏一样，认为“我内向，所以搞不好人际关系，所以工作开展不好”，继而给自己下一个“我就是不行”的判断。

……

你会发现，有些人就像这样被几个念头困住几年、十几年甚至一辈子。其实，或许他们只要转变思维，一切就会不一样。

很多人认为，人们之所以一事无成，是因为原生家庭的不幸。于是，成年后所经历的各种痛苦都找到了源头：还不都是因为爹妈不会养吗？可问题是，当我们抱着这个想法不放时，困境还是困境，我们并不能回到刚出生时，让爹妈按照“科学”的方法把自己重新养一遍。

生活中，我们似乎容易被各种思维困住很长时间，改变思维似乎是一件非常困难的事。然而事实却相反，在人的一生中，思维常常改变。

我们小时候的很多念头都在几年之后荡然无存，当年父母、老师跟我们说的许多观点，到现在已经不剩几个，与此同时，配偶、朋友、老板，又在给我们“植入”各种新的观念。如果你不信，不妨去看看最近流行的一档综艺节目《奇葩说》，它的每期节目都会辩论一个大众性的话题，双方辩手使出浑身解数，各说各理。听完之后你可能会发现，明明我刚刚还认为“找朋友应该门当户对，因为门当户对能谈得来”，怎么后来听康永哥一说，就认为“恰恰是跨越门户的朋友才能有更新的见解”，思维观念说变就变了？

我们的思维观念如同一层窗户纸，改变就如同用手指在窗户纸上轻轻地一捅，然后，光就透进来。

我总是会想到《汤姆·索亚历险记》里那个经典的“刷墙对话”：

汤姆定定地看着班恩说：“你说这是工作？”

“难道不是吗？”

汤姆继续粉刷木板，同时漫不经心地回答道：“嗯，它可能是工作，也可能不是，我所知道的是我做得很开心！”

“算了！少来了，你难道很喜欢粉刷篱笆？”

汤姆用手中的油漆刷子来回不停地刷着：“喜欢它？嗯，我看不出我为什么会不喜欢做。有哪个男孩每天都有机会刷篱笆？”

汤姆的这番话使得粉刷篱笆这件苦差事翻身了。班恩开始观察汤姆的动作，而且被吸引。

过了一会儿，班恩说：“汤姆，让我刷一下吧！”

汤姆干了一件事，就是赋予了刷墙新的意义，从而把班恩“刷墙等于苦差事”的想法改变了，“刷墙不是苦差事，而是美差”。

这是马克·吐温杜撰的故事。那么我们再举一个真实的案例，你就会发现转变观念并不是那么困难。

这个案例来自《改变：问题形成和解决的原则》一书：

19 世纪在巴黎发生了一次暴动，军队指挥官接到命令要对暴民开火以清理广场。他命令部队进入射击位置，将一支支枪对准群众。接下来，是一阵恐怖肃杀的寂静，这时，指挥官拔出剑来大喊：“各位女士们先生们，我奉命要对暴民开火，但是眼前我所看到的是一群诚实高尚的市民，我请求你们离开广场，好让我们能够瞄准那些暴民！”结果，当他说完这番话，广场的人群不到几分钟就散去了。

这也是个思维破局的典型案例。对于这场暴乱，人们一贯的想法是：“在广场上的人等于暴民。”而这位指挥官仅仅用了一句话就把这种思维改变了：“在广场上的人是市民，而非暴民。”

而我更想说的是，思维的改变，不单单是改变意识，它还有许多极为具体的措施。

本章的后四节，我会教给各位四个一学就会的思维破局方法。

1.2 逆向思考：试试倒立过来看自己

有一个 26 岁的女生，进入新公司做运营助理。前半年她一天到晚被老板的邮件和微信“轰炸”，半夜都会接到老板打来的电话，除了给她安排各种琐碎的工作，老板还会跟她聊其他的人和事，简称“时保联”（时刻保持联系）。这个女生认为自己快要受不了这种折磨了，犹豫要不要辞职，于是找到了我。

仔细地了解了她的具体情况之后，我问了她一个问题：“你觉得这种折磨是好事还是坏事，还是有好有坏？”

她想了想，说：“三分好，七分坏。”

我继续问：“嗯，能说说为什么吗？三分好，好在哪里？”

她说：“至少我没明着把老板怼回去。如果要说好的方面，一来培养了我的耐心；二来有时他刚说完一句话，我就能猜到他的想法，不知道这算不算培养了我察言观色的能力。”

我继续问："那七分坏呢？"

她说："我最受不了的就是我的私人时间被侵占，特别是周末。我正谈恋爱呢，希望每周有一些固定的私人时间。"

我继续问："那他挑战了你的什么底线？"

她："我的底线是，在上班的时间以外，我每周需要一些我自己的时间，这些时间不能被他占用。"

各位，你看到了什么？

佛家讲"烦恼即菩提"，并非说烦恼是好事，而是说，**当你审视烦恼，对烦恼产生思考时，你才会发现这个烦恼所带给你的智慧。**

我让这个女生审视她的这个"折磨"，她先说这个"折磨"有三分好处，它培养了她的一些能力，然后说这个"折磨"有七分坏处，这就说到了自己的底线。

这是她心中的菩提。

当你遇到一件事，你生气，多半不是这件事本身使你生气，而是因为这件事触碰了你的底线，你才生气。从另一个角度来说，你正是通过生气，了解到自己的底线在哪里。只有先了解自己的底线，才会审视它，调整或捍卫它。

当一件事，它让你生气了，但你还能忍，哪怕只是忍一小段时间，那就说明它还没有触碰你的底线；而当你忍受不了的时候，你就不光了解了自己的底线，也了解了自己的能力。

再讲一项最新的心理学研究成果：

2015 年，科罗拉多州立大学的一位教授对 365 名年龄在 18 岁到 85 岁之间的德国人做了一项跟踪调查，主要目的是研究消极情绪与消极后果之间的关系。这项调查持续了三周，得到的调查结果很有意思：你的消极情绪，例如抑郁、愤怒、失望等，最终是否导致消极结果（如身心健康的变差）是由你对这些消极情绪的看法所决定的。如果你认为这些消极情绪是不好的，那么如你所料，一切都将变得更差；但是假如你认为这些消极情绪也会带来一些积极的影响，那么结果就不一定像你想的那样消极。

因此，“重要的是你如何看待”这句话，并不完全是一句心灵鸡汤。就像《三十六计》里所写的：阴在阳之内，不在阳之对。尽管《三十六计》说的是谋略，但它其实也是在说辩证，如果你能换个角度去看，从负面信息中发现正面的信号，你的思维就容易突破。

在此，你不妨做个思考，回顾一下那些过往的烦恼，当你换个角度去检视它们，就会产生很多跟过去不一样的看法。

烦恼不是菩提，对烦恼的思考，才是菩提。

最后，我想讲一个真实的故事，各位可以体会一下这个故事中所隐藏的“逆向思考”。

我的一个朋友是一个 8 岁女孩的妈妈。她一直在自己的人生道路上努力奋斗，追求理想，她留学，读博士，在 30 多岁时迈入中产阶层。她也是按照这样的理念培养女儿的。

她要求女儿学钢琴，因为她认为：学习一件乐器必然要经历很多痛苦，这段经历对于孩子而言是很好的财富。在她的培养和督促下，女儿在 8 岁时就已经弹得一手好琴。她给我看过一段她女儿弹琴的视频，视频里，88 个琴键如同长在了女孩手上，起手，和弦，每一个动作都有板有眼。

后来的故事，发生在一次钢琴比赛上。我的这位朋友认为，如果女儿能在比赛中获奖，那么女儿将对弹钢琴这件事有更多的自信，因此她很重视这次比赛。

她陪着女儿把一支曲子练了很多天。

那天，一家三口开车到了比赛场地。女儿抽到了第一个表演，但是做妈妈的很有信心，毕竟她们已经练习了很久。

没想到的是，意外发生了，女儿起手的第一个音就弹错了。

事后朋友对我说，当时她整个人都愣在了那里，与此同时，全场的家长也都愣住了。

之后，女儿重新弹，又错了。

第三次，还是错了。

直到第四次，她才弹对，然后开始慢慢适应，到整支曲子的第四小节后才进入状态。

整个过程中，朋友感觉自己双颊发烫，她对我说："我都不知道我是怎么挨下来的。"

中午，他们没吃饭就直接开车回家了，因为女儿肯定拿不到奖了。

路上，做妈妈的终于憋不住了，她在车里发飙："咱们练了这么长时间，你怎么搞的？""我对你很失望，你平时不是弹得很好吗？"

女儿抿着嘴，瞪着眼，没有说一句话。

戏剧性的转折发生在车开到一半的时候。

请注意，孩子的爸爸也一直在车里呢，他可没说话，他一直在开车。

车开到一半的时候，他突然把车停在路边。

他转过身去，用很坚决的口气对孩子的妈妈说：“你别说了。”

然后，他望着女儿，说：“闺女，你知道吗？今天我特别为你自豪。你知道，很多人参加比赛的时候，如果第一个音弹错了，他们就不弹了，他们会觉得反正没奖可拿，自己又不在状态，就算了。可是你，竟然愿意尝试四次，坚持把这支曲子弹完。如果换我上场，我绝对做不到，所以，我为你自豪。在这种情况下，你居然有勇气弹下来，我真的很好奇，你是怎么做到的？”

“哇！”女儿终于憋不住，放声大哭，全身颤抖。

这时，做妈妈的才意识到自己错了，赶忙向孩子道歉。

故事讲完，她对我说：“我相信这件事一定会让孩子记一辈子。”

这个故事中隐含了四层思维的逆转，不知道大家发现了没有？

第一层，孩子的表演是失败的，但正是这种失败，才让孩子的韧性体现出来。这是站在孩子的角度的思维逆转。

第二层，母亲对孩子抱怨、指责，父亲却发现了孩子在表演中的闪光点。这是站在父亲的角度的思维逆转。

以上两层，相信大家很容易分析出来。

至于第三层，有一次，我在一场培训中把这个故事讲给学员们听，我问了他们一个问题：“你们怎么看待这个母亲？”

很多人都对母亲持批评态度，觉得这个母亲太挑剔了，这样的母亲是孩子童年的阴影。

我却不这样认为：“大家可以想一想，假如从孩子练习到表演的整个过程中，都没有这位母亲的角色存在，仅仅有父亲的鼓励，会怎么样？”

当大家想到这一层的时候，就会发现这位母亲的价值。在这里，母亲和父亲只是分工不同而已，对孩子在练琴上的支持、推动、监督乃至最后的评价背后，有一个母亲的爱和期待，失去了母亲的支持、监督和评价，父亲的鼓励的能量就会小很多。换句话说，正是有了这位母亲的存在，人们才感受到巨大的张力。这样，你就明白什么叫“一个唱白脸，一个唱红脸”了吧？

这就是第三层，站在整个家庭的角度的思维逆转。

事实上，还有第四层逆转，那是一种系统的思维逆转。

你们发现了吗？一项任务的成功执行，离不开母亲、父亲和孩子这三种角色的共同努力。

在这里，孩子代表执行者，面对困难，她需要一以贯之地坚持下去；母亲代表评价者，她要监督执行者，评价执行者的行为；父亲则代表鼓励者，他要在孩子（执行者）遇到困难时，提供精神层面的支持。

有时候这三种角色由不同的人来扮演，这样才能形成一个团队，而更多的时候，这三种角色住在同一个人的心里。在一个人心里，有时是执行者做主力，他得坚持干下去；有时是评价者做主力，他得评估执行的效果；有时是鼓励者做主力，他得给其他两个小人鼓劲，从负面的情况中发现正面的部分。

这三种角色，在我们的思维中相互转换。

1.3 成功者思考：你为什么学不会

我和一位来访者约在一家超市旁的“重庆小面”店里见面。他打扮得比较随意——休闲衬衫，斜背的挎包，一看见我就朝我招手，一点也不拘谨，我感觉他应该是个外向的人。

这位来访者在某国企做了三年技术运维，觉得薪资少，没发展，而且很不快乐。他看到以前的同学在互联网行业干得很起劲，就想转行去互联网行业做产品经理。

他摇着头对我说：“我看过产品经理的岗位要求了，做产品经理得有经验，像我这种之前没做过产品的人根本就转不过去。”

他的话让我感到很欣慰，欣慰的是他至少已经有一个职业目标，现在只差思维的逆转。

他的想法是：我得先有做产品的能力，才能去做产品策划，然后才能成为产品经理。

可是如果这样想，那他转行做产品经理的希望得多么渺茫！

谁说非得先在一家公司做过产品经理之后，才能当一名产品经理的？

我问了他一个问题："假如你就是一名产品经理，你打算做一个什么样的产品？"

他想了想，说："我一直想做一个教育培训类的，能在手机和电脑上支付、运营的产品，特别是要实现在线提交作业和在线批注。"

我又问他，如果他是一名产品经理，他要如何做出这个产品。他的回答是，第一步，先了解市场上相关类型的产品都有哪些；第二步是去实际体验市面上现有的这些产品，第三步……第四步……

我接着问："那你怎么把这些步骤落实下来呢？"

"我是不是得去写点什么东西？" 他有些不确定。

"是的，你需要写三份东西，一份叫产品体验报告，一份叫需求分析书，还有一份叫原型图。" 我这样回答他。

说到这里，你们大概能明白我在干什么了吧？我在把这位来访者的"我得先有做产品的能力，才能去做产品策划，然后才能成为产品经理" 的想法，变成"我可以假定自己已经是个产品经理，然后按照产品经理的思路和要求去设计产品，这样我才会有做产品的能力"。

当我们聊到这里时，他已经意识到，不需要被某家公司雇用就可以成为产品经理。

即便三个月后他拿出的产品体验报告和需求分析书都很一般，做出来的产品原型图也不太靠谱，但这些前期的努力已经让他有足够的自信去应聘产品经理的岗位，并且也更容易被聘用。事实上也是如此，恰恰是因为他这样做了，才被一家公司聘用，成为产品专员。

在我们的生活中有一种常见的思维模式叫作：“有（have）—做（do）—是（be）”模式。例如，“如果我有足够的钱，我就会去做慈善，然后我就是乐于助人的人”“如果我有足够的时间，我就会去周游世界，然后我就会很开心”“如果我有做项目管理的能力，我就会去做项目管理，然后我就成了一名项目经理”……这种思维模式会困住我们，因为当我们想到“有”，我们的头脑里紧接着闪现的念头多半是“没有”——“我现在还没有足够的钱”“我现在还没有足够的时间”“我现在还没有项目管理的能力”……于是，后续的“做”和“是”就不会出现了，然后我们发现自己很难成为想要成为的人。

实际上，如果我们转换思维，事情就会发生变化，把“have-do-be”（有—做—是）模式转换为“be-do-have”（是—做—有）的模式。先假定自己是一名产品经理，然后去做产品经理做的事，再然后就拥有了产品经理的才能。“是”这个概念其实是一种身份感和角色感，更多的是一种体验和自我认同，它并不依赖于“有”。

著名心理学家马斯洛曾经讲过这样一个故事：在一家精神病院里有一名患者，他认为自己是一具“尸体”，无论医生怎么开导，也没能改变他的想法。最后医生问他：“那你觉得尸体会流血吗？”他说：“当然不会。”然后，医生就用一根针刺破了他的手指，红色的血流了出来。你们猜他看到血以后是怎么说的？他说：“啊！没想到尸体竟然也会流血。”

“我们对自身身份的认同”甚至在某种程度上比“我们客观存在的身份”更为重要。

当我们认同了自己的身份，这就是 be，然后你就会按照这个身份去做（do），于是也就有了这个身份（have）。

再讲一个故事，艺术大师米开朗基罗雕刻的大卫像栩栩如生，而雕刻大卫像的那块石头的材质并不是很好。人们问米开朗基罗是如何把那样材质的石头雕刻成栩栩如生的大卫的，米开朗基罗的回答是："其实大卫原本就在这里啊！我并没有雕刻，我只是发现了他，并把不属于他的部分去掉而已。"

与其说是大卫原本就在这里，倒不如说是米开朗基罗认为大卫原本就在这里。米开朗基罗认为大卫原本在那里，是 be；然后，米开朗基罗就按照那个原本就存在的大卫来雕刻，这是 do；最后，才有了传世的大卫像，这是 have。

这种思维模式，从心理学的角度来看，是一种强烈的"心理暗示"。懂点心理学的人可能都听说过罗森塔尔效应。20 世纪 60 年代，罗森塔尔到一所小学选择了一部分学生作为"未来的人才"，并将他们的名字写成了一份清单，8 个月后，他发现清单上的这些学生的成绩都有了显著提高，而实际上这份清单里的学生完全是随机选择的。这就是一个最典型的"be-do-have"，罗森塔尔向老师暗示这些学生是未来的人才，这是 be；然后老师们开始悉心教导这些"未来的人才"，这是 do；最后这些学生果然取得了好成绩，这是 have。

由此可见，这种思维模式并不稀奇，思维的转换也并不困难，只不过当我们进入了某个困境时，大脑并未接受这样的暗示而已。

这种思维的转换在什么人身上发挥得最充分呢？

答案是演员。

演员是如何做到演什么像什么的呢？除了学习大量的表演技巧和尽可能多地体验生活之外，他们还需要有一种“一喊 action，就入戏”的状态。周星驰演的《喜剧之王》里有这样一句台词——“导演不喊卡，就得一直演下去”，张国荣演的《霸王别姬》里也有一句台词——“不疯魔，不成活”，这就是演员最核心的思维模式。

我给这种思维模式起了个名字叫“入戏思维”，意思是你认为自己是谁，你就会去演，就会喊 action，然后让角色附体。

我之所以问那个想成为产品经理的来访者：“假如你就是一名产品经理，你打算做一个什么样的产品？”就是想让他成为演员，让产品经理的角色在他身上成功体现，只有当他真的把自己看作“产品经理”时，他才会按照产品经理的角色去思考和行动，才会发生转变。

大家恐怕都有过类似的经验：有一天，我们相熟的同事得到晋升，成了领导，他们的性格似乎也会随之发生变化。平时或许彼此还能互相开开玩笑，但是一到工作中，对方就变得不苟言笑，让人有种“他变了”的感觉。事实上，正是他所扮演的角色的变化造成了他的“改变”，从一般员工变成了管理者，在工作中他需要根据“剧情”的需要进行“表演”。

曾经有很多人向我咨询该如何去面试，我会问他们一个问题：“面试的时候，你认为自己是谁？”

很多人都说，我就是求职者啊！

错，当你认为自己是求职者的时候，你就跟面试官产生了距离。

成功通过面试的第一步不是学习面试技巧，而是把自己当成所面试的这家公司的一名正式员工。你就是 A 公司的营销经理，你就是 B 公司的设计师，你就是 C 公司的人力资源经理……

这样一来，首先，面试时你的陈述角度就会发生改变。如果把自己当作求职者，谈及面试公司时，你一定会说贵公司的业务……贵公司的岗位……

如果把自己当作正式员工，你的陈述就会自动变为，咱们公司的业务……咱们公司的岗位……

试想，作为面试官——HR，或者是你未来的上司，他是喜欢听到“贵公司”，还是更喜欢听到“咱们公司”？

这仅仅是最浅层的陈述角度的改变，而在更深的层面，你的整个行为体系也会跟着改变。如果你把自己看作 A 公司的营销经理，你就会去主动了解 A 公司的营销经理每天会穿什么、做什么，你也就会按照这个模式去做。那时的你，就是入戏了。

去找一个自己希望成为的角色，去体验这个角色的生活方式，你就“入戏”，成为一名“演员”了。

所谓人生如戏，全靠演技，你想演谁，就先成为谁，去行动，终将收获。

最后，还记得之前讲到的那个把自己看作尸体的精神病患者吗？那个故事还没完。当他看到自己的手在流血时，他说：“啊！没想到尸体竟然也会流血。”然后，那名医生对他说：“是啊，尸体当然会流血，尸体还可以吃饭、睡觉、看电视、洗衣服、工作呢，要不你也试试？”于是那个自称“尸体”的患者就慢慢过起了正常人的生活。

那名心理医生发现那个“尸体”病人太入戏以至于走不出来，于是换了种玩法——把病人的剧本改了。

一个小工具：如何用入戏思维做简历？

在此，我要教你一个用简历推进自己达成职业目标的方法，快速有效。我把它称为“仿真简历”。

假设你很想去做新媒体运营，你没有新媒体运营的经验，却还是念兹在兹。

那么，你就应该开始下面的行动了：

第一步，你需要找到新媒体运营这个职位的职位描述，了解这个职位的职责和对应聘者的要求。

第二步，从网上下载一个简洁的简历模板，并根据这些职责和要求，做一份“仿真简历”。在这份简历里，除了个人基本信息是你自己的，其他信息，诸如职位相关的项目经验、职位相关的学习经历等，都是按照这个职位的职责和要求虚构的。

第三步，将这份“仿真简历”与招聘启事进行对比。站在HR的角度来考量，如果你认为，这样一份简历值得你给他一个面试的机会，那么这份“仿真简历”就做好了，你可以把它打印出来，贴在墙上。

第四步，将简历上每一项虚构的内容变成真实的信息。具体的做法是，去学习简历上所描述的与职位相关的知识，想办法积累与这个职位相关的项目经验，每完成一项，就在那一项后边打一个对钩。

第五步，等你完成80%时，你就可以把这份简历投出去了。

上述这个过程，就是对“be-do-have”思维模式的模拟。做“仿真简历”其实就是为自己设计了一个角色，是be；将简历上虚构的项目逐一落实的过程，就是入戏的过程，是 do；投递简历，在职场上真正得到这个职位和相应的待遇，就实现了 have。

我的几个来访者，就是用这个方法在一年内找到了自己想要的工作。

1.4 如果他是你，他会怎么想

我们所面临的情境，往往都是在某个觉察范围里，超过了这个觉察范围，我们就是“瞎子”。

如果你玩过第一视角的游戏，例如《反恐精英》，在这个游戏里，你的觉察范围是一个有局限的视野，拐角处是不是有敌人，你并不知道，只有你走过去，然后甩一下鼠标才能知道。而如果这个游戏是个俯瞰视角的游戏，例如《盟军敢死队》，在这个游戏里，你对整个战场会有一个整体的认识。

由此，你会发现，当你的觉察范围变小时，你会被困在自己的视角里。比方说，你开着车被堵在路上，你会对前面一动不动的车队产生烦躁的情绪，这就是困在了自己的视野里。如果你下车往前走两步，可能就会发现，眼前的拥堵原来是前方两百米的交通事故造成的，跟这些车一点关系都没有。如果你打开手机地图查看路况，可能就会发现，可以把车慢慢开到旁边的辅路，因为此时辅路上的车速并不慢，这就是转换视角。因为当你打开手机地图时，你是在用俯瞰视角，这样就能根据整个城市的路况调整行车路线。

在NLP（神经语言程序）治疗方法中，有一个治疗理念叫“换框”。我们的觉察范围是在一个被我们的文化、社会生活和个体认知限定的“框架”里，很多时候我们之所以被问题困住，是因为这个“框架”使我们看不到其他视角。而“换框”则是用一个新的框架来重新看问题，这样做增加了视角，更容易发现解决方法。

下面，我将采用情景换框的方式，引出四种不同的视角，并用四个简单的技巧来实现“换框”。

a. 他人视角

2014年，奥斯卡多项大奖颁给了一部只有两个人演的科幻电影——《地心引力》，在这部影片中，一个关键性的转折桥段就使用了“换框”。

这个桥段讲的是女主角宇航员莱恩·斯通误打误撞进入中国天宫空间站，准备驾驶神舟飞船返回地球的时候，发现返回舱已经没有能源，完全无法启动，于是万念俱灰，闭上双眼，打算等氧气用光后一死了之。这时，她的导师从舱外飘进来，鼓励她活下去，并提示她起飞跟着陆原理是一样的，可以使用软着陆推进器完成自救。

在这里，导师鼓励和引导莱恩·斯通的情节并不是真实发生的事，而是莱恩·斯通的潜意识所构建出来的画面。

这就是一种他人视角的思维。陷入绝境时，莱恩·斯通通过潜意识问了自己一个问题：“假如我的导师遭遇了这样的困境，他会怎么想？会怎么做？”

这时她就将自我的视角换到了另一个人——导师——身上。

我再来说一个职场中的故事。

曾经，我的一位来访者，她任职的部门遭到裁撤，是换到其他部门任职，还是去新的公司，她在这两个选项中纠结。经过细致的分析和交谈，我察觉到她心里有个坎儿。于是我问她："你能跟我说说，你最敬佩的人是谁吗？是什么原因让你敬佩他呢？"

"我想应该是我大学时的毕业设计老师，他带学生很有方法，对于每个学生他都能做到因材施教。"她这样回答。

我接着问："那如果是他面对现在这样的局面，你猜他会怎么想，怎么做？"

她想了想说："我想他应该会思考，这两个选项，哪个能帮助他快速提升能力和扩大个人视野。他是一个行事很稳健的人，所以我猜他会选择换到新部门以寻求持续提升。"

我又问："那如果还是会纠结呢？他会怎样让自己更坚定呢？"

她想了想说："我的那个导师比较果断。他肯定会想，一直纠结没啥用，还不如赶快进入工作状态，了解新部门的情况，看看要怎么做才能更好地融入。"

我继续问："那假如此时他知道了你的困境，要送给你一个词，或一句话，你觉得会是什么？"

她闭上眼想了一会儿，说："如果他送给我一个词，那会是'果断'。如果是一句话，那会是'去做那个能让你快速提升的工作'。"

谈话进行到这里，这位来访者已经进入了状态，下定了决心。

在上述这个例子中，来访者是将视角换到敬佩的人——导师——身上，假想一下，如果他遇到同样的问题，会怎么想，怎么做。

对于这种视角的转换，转换的对象可以是任何一个你熟悉的人，比方说：

如果你的某个好朋友遇到这样的状况，会怎么想，怎么做？

如果你的对手遇到这样的状况，会怎么想，怎么做？

如果你的老板遇到这样的状况，会怎么想，怎么做？

……

你站在自己的视角想不通的事，换到他人的视角去想，可能就想通了。

b. 克隆人视角

我发现一个现象：针对别人的困惑，似乎每个人都能给出建议，在这个时候，似乎每个人都充满了智慧。可是困惑的人换作自己，就束手无策起来。

既然如此，你们可以试想一下，假如你遇到一个和你同名且与你陷入相同困境的求助者，他请你针对他所遇到的问题给出建议，这时你是不是也能马上给出一些观点和策略呢？

我把这个视角叫“克隆人视角”。

我的一位来访者小俊，他已经工作了 10 年，并在某企业做到大区经理的职位，在这之前他曾换过两次工作，现阶段他又开始感觉到自己的职业发展不太顺当，恰巧这时有一个猎头给他打电话说有一个跳槽到其他公司做中层的机会，他为此很纠结，于是找到了我。我问了他一个问题：“假如我是你的一个朋友，我的从业经历跟你一模一样，现在也面临这样一个跳槽的机会，因为知道你的职场经验很丰富，我找到你，希望听听你的建议，你会跟我说些什么呢？”

“嗯，我想想啊。我肯定会建议你先保持冷静，不要轻举妄动，猎头提供的机会，你可以去面试看看，因为在事业的停滞期多接触一些人还是有必要的，不过你也一定要当心这背后可能有‘坑’。”他沉默片刻，缓缓答道。

“好的，那我下一步该怎么做呢？”

“先调查一下猎头说的那家公司，然后跟猎头约面试，面试时注意多多观察。此外，加入某些社群或参加某些培训，找机会认识更多的人，看看有没有什么新的发展机会。”

“嗯，我都记下了。其实你刚刚说的，就是你自己下一步要做的，还有什么疑问吗？”

对话进行到此，他已经给自己开了一服药。

为什么这种视角叫克隆人视角呢？你搞不定自己的问题，于是我创造出一个跟你的情况一模一样的“克隆人”，然后让这个克隆人向你咨询，这时你反倒能给他提出许多解决方案。

实际上，这个克隆人不就是你自己吗？

再重复一遍：

“假如你的一个朋友跟你的经历极其相似，几乎一模一样。他现在也面临你所遇到的问题，他找到你，希望你给他一个建议、一个解决方案，你会对他说些什么？”

c. 时间视角

当你烦恼时，你有过这样的思考吗？

“想象一下 10 年后的你，职业发展得不错，生活很美满，那时的你对此刻的你会说些什么呢？”

上中学时，我在一次期末考试中发挥失常，考得很糟，这让我很沮丧。我的一位老师就跟我说："你想象过10年之后的自己吗？那时候你大学毕业，工作了好几年，那时你还会在意10年前这次失败的考试吗？我想你恐怕早就想不起来了。"老师的一席话让我恢复了自信。

在时间的长河里，站在过去看、站在现在看和站在未来看，即使是对同一件事也可能会有完全不同的看法。比方说，失恋。

在失恋的当口，人会觉得天空突然变灰了，手心冰冷，整颗心像被一只大手紧紧地攥住了；三个月之后再看，多数人则会感到微微的惆怅；半年之后再看呢，有的人会觉得这次失恋没什么大不了的，还有的人会觉得这次失恋让自己收获了应对感情的经验……

我们的大脑进化出"建构式记忆"功能，并非为了让我们记住过往的各个细节，而是为了让我们对过往所发生的事件进行重新组合，忘掉不能接受的，强化有意义的，有时候甚至赋予它们新的意义。

如果我们感觉自己被困在当下，那么何不试试站到未来的视角去看呢？换了时间的视角，会让我们更从容。

既然有三种时间视角，我们能站在未来看现在，同理，也能站在现在看过去。

1988年，有首歌特别流行，叫《如果再回到从前》，它的第一句歌词是这样的："如果再回到从前，所有一切重演，我是否会明白生活重点？"

这句歌词就体现了一种思考：**"如果能够回到过去，你会对过去的自己说些什么？你会做出哪些改变？"**

这时，有的人会说："嗯，我觉得没什么可后悔的，如果当初做了别的选择，会比现在更难受。"

当他们说出这句话时，他们已经开始接纳从过去的选择中衍生出的各种烦恼和困惑，因为他发现，当初所做的选择已经是当时的最优选择。

有的人会说："如果让我回到当初，我会尽快地了解，努力争取机会，那样就能积累更多的经验。"

当他们说出这句话时，他们已经发现自己所存在的问题，这会促使他在当下做出调整和改变。

苏格拉底有句脍炙人口的名言："未经审视的人生不值得一过。"

站在现在看过去，就是重新审视自己的人生，了解自己的"生活重点"，为未来而学习。

d. 导演视角

所谓导演视角，就是想象一个导演或者一个作家，用俯瞰的方式把我们的生活经历都记录下来。

于是，当一个人身处困境时，转换到导演视角去看待就是：

"试着想象一下，你是一名导演，你正在拍一部传记类电视剧，这个电视剧的主人公是一个和你同名的人，现在剧情已经进行到这里了，接下来，你打算怎么编排后面的故事？"

身处困境时，我们为什么会焦虑、纠结、忐忑？一个很重要的原因是我们觉得，那是我们自己的困境，于是我们无法保持冷静，被这些负面情绪所捆绑，动弹不得。

如果我们把自己想象成一名导演，把遭遇困境的人想象成一部传记类电视剧中与自己同名的人物，而那个困境只是电视剧的剧情，我们就能将自己从困境中暂时抽离，从一个相对客观的角度来看待这一切。此时，我们会变得更加冷静，我们开始构思帮助剧中人脱离困境的计划，开始思考如何将剧集拍得更精彩、动人，然后我们会自己构思出后续剧集的脚本，并按照这个脚本“拍摄”下去。

人生如戏。一出好戏不仅需要好的演员，还需要好的导演。你既是你人生的演员，也是你人生的导演。

表 1-1

视角	问题
他人视角	假如是他遇到了这样的困境，他会怎么想，怎么做？
克隆人视角	假如你的一个朋友，跟你的经历极其相似，几乎一模一样，他现在也面临你所遇到的问题，他找到你，希望你给他一个建议、一个解决方案，你会对他说些什么？
时间视角	1. 想象一下 10 年后的你，职业发展得不错，生活很美满，那时的你会对此刻的你会说些什么呢？ 2. 如果能够回到过去，你会对过去的自己说些什么？你会做出哪些改变？
导演视角	想象一下，你是一名导演，你正在拍一部传记类电视剧，这个电视剧的主人公是一个和你同名的人，现在剧情已经进行到这里了，接下来，你打算怎么编排后面的故事？

1.5 认知灰度：摆脱思考的牛角尖

有一次，我给几百个大四毕业生做职业发展讲座。我发现对于找工作，毕业生们有两种完全对立的观点。

一种观点是：先就业，我先随便找一个。简称：**干一行，爱一行**。

另一种观点是：得找到一个特别适合自己的工作，我才能去做。简称：**爱一行，干一行**。

这两种观点纠缠在一起，把许多毕业生困住了。我得想个办法让他们突破这种思维。

你猜我怎么办？

我用了一张图，如下：

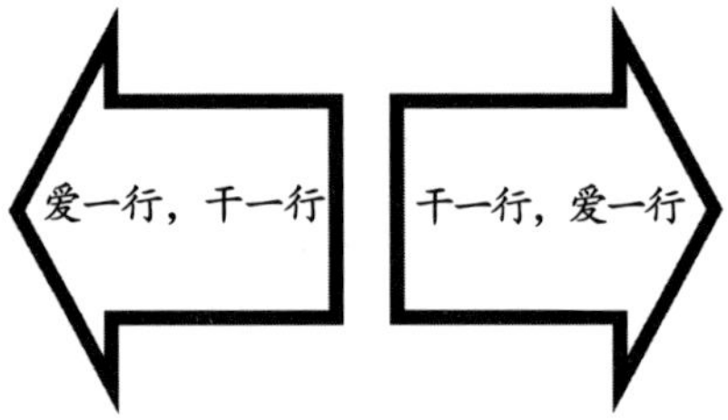

图 1-1

然后我对他们说：“同意‘干一行，爱一行’的同学，请举手。”台下有 1/4 的人举手。

“举手的同学，你们相信‘干一行，爱一行’，那你们会怎么按你们所相信的去找工作呢？” 我这样发问。

台下有人说：“那肯定是先随便签一个差不多的公司，踏踏实实干活。”

我没有表态，接着问：“同意‘爱一行，干一行’的同学，请举手。”这回举手的人比较多，占了台下一半多的人数。

“这回举手的人，如果你们相信这个，你们会怎么按你们相信的法则找工作呢？”我问了他们同样的问题。

这回台下回应的人多了一些：“我们得找到一条属于我们的赛道，得找一个适合的，然后再工作。”

以上都是铺垫，真正有意思的一步来了，我把刚刚那张图变成下面这样：

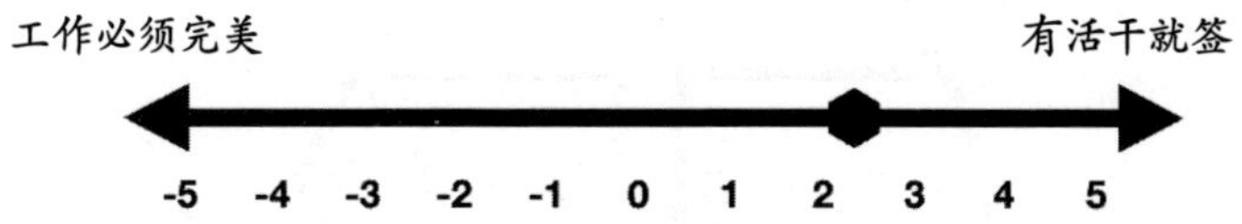

图 1-2

我说："现在我们假设，随便签一个公司踏实干活在标尺的最右侧，分值为 5 分，一定要找到一份完美的工作才去干在标尺的最左侧，分值为 -5 分，从 5 分到 -5 分依据倾向性的不同有不同的分值，下面请大家在标尺上选出最符合自己的想法的分值。"

结果是，没有一个人打 5 分，也没有一个人打 -5 分，大家的选择大多分布在 -3 分到 3 分这个区域内。

我问一个打了 0 分的同学，他的想法是什么。他说："我会先考虑手头上的几个可能的工作，从中找个我相对满意的。"

我又问了一个打了 -3 分的同学的想法。他说："我更想去做互联网产品。我在大三时跟几个同学一起做了一个很初级的产品原型，还做了一个初级的服务号。我得找一个这样的工作，我觉得我能干好。"

现在，你们能明白我为什么这么设计了吧？

我把"二元对立思维"变成了"灰度思维"。

当选项只有 A 和非 A 时，我们的思维会固定在这两个选项上，要么认为 A 是对的，要么认为非 A 是对的。

此时我们的逻辑可以被归纳为以下句式：**要么这样，要么那样。**

要么对他完全信任，尽情合作，要么就是陌路，再无往来。

要么认为这个咨询超级神奇，要么就认为它完全没用。

要么认为成功全靠努力，要么认为成功全凭运气。

要么认为自己情商超高、精于沟通，要么认为自己不会说话总得罪人。

……

看着这些例子，你可能会觉得有点可笑，这不就是我们常常谈到的“非黑即白”“非此即彼”的二元价值评判吗？你会觉得这种评判很不理性。

但实际情况是，在生活中，我们常常不由自主地陷入这种不理性。比如，我家孩子曾经连着好几天和我提到他的一个同学很霸道，会欺负其他的同学，而且孩子班上其他的同学也这么说，这时候，我们做家长的就不由自主地把他们描述的那个同学看作“熊孩子”“坏同学”。当我再看到这个同学跟其他人追跑的时候，我就会不由自主地想：“看来真的是霸道呢！”

直到有一次，我家孩子跟那个同学一起参加一个课外画画班。我当时内心很忐忑，怕他欺负我的孩子。但是，经过几次观察，我发现我所担心的那种情况并没有发生，他画画时很投入，也并不欺负同学。

经过这件事我意识到，我当初是根据孩子的讲述和自己的一次观察，不由自主地做出了一个非黑即白的判断。因此，虽然我们都知道，对人对事不应该有二元对立的判断，但是有时候我们的大脑不听使唤。

有心理学家说过这样一段话：“如果想要驾驭我们生活的世界，人类首先要做的就是发现各种能够让我们摆脱混沌，让世界看起来变得有序的一般原理、规则和规律。通过这一思维过程，我们将纷繁复杂的世界进行了简化，但这种做法难免会让我们犯错误，特别是当这个世界不断发展和变化的时候。”

这段话简单说来就是，世界很复杂，充满未知，但是我们的大脑不喜欢未知，它想要可控、有序；同时，我们的大脑又做不到时刻探索一切未知，于是，它就只好把世界简化了。

它会把颜色简化成红橙黄绿青蓝紫等几种基本的色彩，把形状简化成三边形、四边形、多边形、圆形等几个基本的形状，把猫的语言简化成"喵喵"，把狗的语言简化成"汪汪"，甚至把我们对人的判断简化成"打架超过三次就是熊孩子""美国人都有钱""处女座都是挑剔鬼"，而对于做事的法则，则会简化成"要么……，要么……"的形式。

确实，简化后我们大脑的负担会减轻很多，从进化的角度看，更利于生存和繁衍。但是，在关于人的问题上，这种简化容易出事。

当我们的大脑对人做了简化，将他们简单地划分为好人、坏人，强者、弱者，学渣、学霸……人就会站队，然后分成"我们队的""你们队的""他们队的"，这种站队几乎是不由我们控制的。其实，站队并没有问题，分成不同队伍也没有问题，问题是在这种站队之后，我们的内心就容易产生恐惧、嫉恨等情绪。例如，日常生活中我们会看到一种现象，在大学的同一个学院里学术观点不同的教授都各执己见，当持这一派观点的教授带的学生向持另一派观点的教授请教，就被看成一种对师门的"背叛"而受到讨伐。

这是针对他人而言，面对自己，这种"简化"思维同样会出事。

当你把自己的信念、能力、价值也简化成全有、全无，全善、全恶，"要么……要么……"等模式，你没有给自己留下回旋的余地，你就会变得固执，甚至偏执，走极端。

事实上，"不要走极端"的观点已经存在了几千年，中国人自古以来讲究"中庸之道”，只不过如今我们的大脑太想将世界简化了，以至于我们还是会不由自主地陷入二元对立的思维模式。

有没有比较简单的摆脱这种思维模式的方法呢?

有！我在这节的一开始，就用了这个方法，简单来说就是四个字：**化点为线**。把二元的两个点，变成一条线段。

图 1-3

有一次，我给一个女性来访者做咨询，她说她总是特别忙，领导和同事交给她任何工作她都会咬牙接下来，所以时常焦头烂额。通过这个简单的表述我们就会知道，这是典型的“不擅长拒绝”的表现。其实，这位来访者知道自己的问题出在哪儿，可是她就是做不到拒绝别人。她说：“拒绝别人的要求不就伤了面子，关系就没了吗？”

对于她的这个观点我没有表态，我并没有跟她说：“谁告诉你的？我就拒绝过很多人，其中还有我的领导，但直到现在我们的关系也不错啊！”因为如果这样说了，显然是在挑战她的理念。她认同，固然好，但是如果她不认同，后续的咨询工作就不好做了。

于是我在纸上画了一个标尺。标尺的最右侧代表“拒绝一定伤面子”，所属的分值为 5 分。标尺的最左侧代表“拒绝一点不伤面子”，所属的分值

是 -5 分。

然后我问她："如果要你在这个标尺上选出最符合你的想法的分值，你会选择哪里？"

她看着这个标尺沉思了片刻，然后选择了分值为 1.5 分的位置。

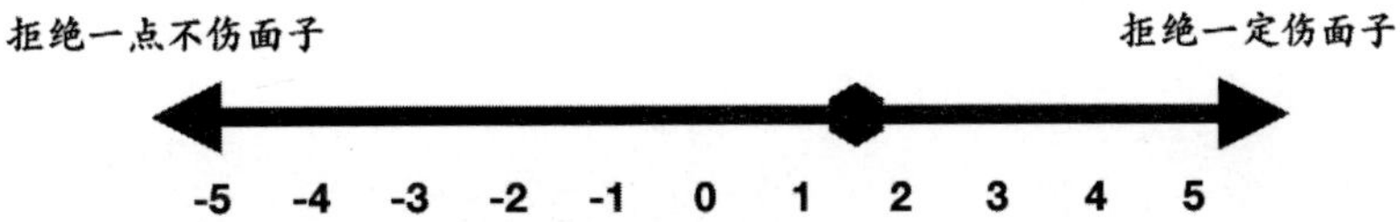

图 1-4

我又问她："你能解释一下，为什么这样选择吗？"

她说："在某些情况下，拒绝对方应该也不会伤面子破坏关系吧。"

"在什么情况下呢？"我追问。

她说："比如，对方的要求是违法的，这些要求会对他人造成伤害的时候。"

说到这里，她好像明白了点什么。

我接着说："那如果一个人在工作中，无论什么人给她的工作她都扛下来，她这么做表明她在这个标尺上的分值是多少？"

她笑了："那估计是 4 分。"

"哦，那要从 4 分降到你选择的 1.5 分，需要做点什么呢？" 我说。

咨询到这里，这位来访者的思维模式已经发生了变化，从二元对立思维变为灰度思维。相信在这之后她就会开始有意识地挑选工作，并练习如何委婉地拒绝。

当两个点变成了一根线，我们看待问题就有了灰度。有时，我们甚至都不需要把这根线画出来，只要问一个程度问题就行。

有一位来访者叹气："唉，我的合作伙伴怎么就不信任我！"

我就问他："那假如对方完全信任你，将一切托付给你的状态是 10 分，而对于你说的所有的话，你做的所有的事他都不信的状态是 0 分，你觉得你的合作伙伴对你的信任可以打几分？"仅仅是这样一个程度问题，就把"不信任"变成了"一定程度的信任"。

还有一位来访者说："我认为做人必须绝对诚实。"

我就问他："你百分之多少相信这个观点？"

"80%。"他回答。

我又问："那剩下的 20%是什么？"

其实，当他回答 80%的时候，他先前的观点已经在悄然改变。

跳出黑和白，就能看到无数种颜色。

在上边那个例子中，可能有的人会问："那万一他打了 10 分，说自己百分百相信，你怎么办？"

事实上，我之所以画这个标尺，是为了告诉他，在两个极端的观点之间还有许多程度不同的阶段。他选择了什么不重要，重要的是他所信的，要跟他所做的保持一致。在上边那个例子中，如果他百分百地相信自己的判断，他按照这个想法去做，就不会有太多烦恼。

也就是说，如果你认为拒绝别人就百分百地会破坏关系，你就不会因为忙于满足别人的需求而痛苦。

如果你认为合作伙伴百分百地不信任自己，你就会马上跟对方划清界限。

如果你认为做人要百分百地诚实，那么你在生活中也不会说一句假话，即便为此得罪了人也不会难受。

2. 职业投资

擦亮眼睛，抓好职业这副牌

把选择职业看作一场投资，你需要选择做哪个行业、去哪个城市、到哪家企业、怎么去做，以及经营什么样的人际关系。各种不同的职业就好像一副牌，每个打牌的人都有机会抓一副好牌。

2.1 不是拼牌好，而是拼怎么“换”

很多试图换职业的人身上，都有一种特别有趣的共性。

小丽，毕业后做了一年运营的工作，她觉得自己每天忙于做“领导交办的其他任务”，什么也没学到，于是觉得自己不适合做运营，她想换个行业，但是不知道该转到哪个行业。

小华，在外企做了10年的IT售前工作，遭遇职业天花板，心里不爽，于是想辞职创业。他还没仔细筹划过该如何创业，就投了80万元，搭建了团队，做起了APP，结果钱花光了，APP也没做出来，现在正纠结要不要继续“烧钱”。

我把他们的这种共性简单称为：**不爽就全换。**

有很多人，当他们做一份工作时，感到不爽，如同玩牌时抓了一手烂牌，他们就会想：这局不玩了，再抓一把牌重新开始吧。他们似乎没想过，再抓一把牌，有可能对家不干，也有可能新的牌更烂，换句话说，如果盲目地辞职、换工作、转行，就有可能吃闭门羹——别的公司不要你，也有可能越换越差。

选择职业，跟真正的纸牌游戏在规则上有一个区别，那就是，在选择职业的过程中是可以“换牌”的。如果你觉得自己的牌太烂，那就换掉几张牌，凑个顺，凑个飞机带翅膀，甚至凑个炸弹，没准就赢了。

怎么在选择职业的过程中“换牌”呢？

我们都知道，玩牌时想赢要注意很多要素，比如，牌的花色、大小，还有顺子、对子、炸弹等纸牌组合。只有了解这些要素，换牌才有意义。选择职业的过程中也有很多要素，了解了这些核心要素，一点点地换，也能换出一副“好牌”。

在此，我就来谈谈选择职业的那些要素，它们包括了三个基本要素和两个特殊要素。

三个基本要素为：行业、职能、组织。

1. **行业**。行业可以分为金融、酒店、互联网、咨询等，行业的选择决定了一个人的工作内容，选择行业也就是选择工作领域。

2. **职能**。职能又叫岗位，它可以分为销售、运营、研发、技术、营销、行政等，岗位的选择决定了一个人的工作方式，选择岗位也就是选择如何工作。

3. **组织**。组织可以分为国企、事业单位、外资企业、创业公司、自由职业等，组织的选择决定了一个人的工作氛围，选择组织也就是选择工作环境、人际关系、组织文化等软性因素。

举个例子，对于某民营中小学教育培训公司的老师来说，他的行业是教育培训，职能是老师，组织就是民营企业。

当一个人工作做得不开心时，一般来说，并非对这三个要素都不满意，而是对其中某一个或两个要素不满意。

比如，小红在一家留学咨询公司做留学顾问，她很努力，业绩很好，但是个人的收入却已经很多年没有大幅度提升，她感到很不爽，开始犹豫要不要换行去做金融。

如果我们来分析一下小红的职业，就会知道，她的行业是教育培训，职能是销售，组织可能是一家规模不大的民营公司。她的不满，并非对行业的不满，因为做留学咨询她很有经验，也不是对岗位的不满，因为做销售让她很享受，所以，她的不满是对组织——公司的不满。

此时，如果小红贸然转行去做金融，就很可能会面临重新“摸一副牌”却不能成功，或者新摸到的牌比之前更烂的后果。其实，从上边的三个要素来看，如果她真的要换，换到一家收入更高、薪酬结构更具激励性质的留学咨询机构继续做留学顾问会更有效。

因此，当你对你的工作不爽时，你得搞清楚，自己到底是对行业不满意，对岗位不满意，还是对组织企业不满意。

你可能要说，不是还有两个特殊要素吗？

剩下两个特殊要素包括：

1. **城市**。你选择在北上广等超一线城市或者一线城市工作，与选择在二线城市或者三四线城市工作，会有很多的不同。如果你选择在超一线城市工作，往往会遇到居住地与工作地点距离较远的问题，每天可能需要花费至少两个小时在搭乘公交车、地铁等公共交通工具上。而如果你选择在三四线城市工作，可能下班后只需步行 10 分钟就到家了。此外，如果你选择在一线城市工作，那里行业较为丰富，公司类型多元化，你可以凭借个人能力搭建起巨大的人际网络。而如果你选择在三四线城市工作，那里行业较为单一，公司类型也比较单一，搭建人际网络主要依靠个人在这座城市的亲友关系。选择城市就是在选择生活方式。

2. **上司**。我之所以把上司作为选择职业的一个特殊要素，是因为有很多人在工作中遇到难题，感到有压力，都源于与上司之间或明或暗的冲突。很多时候，一个部门、一个团队里的文化氛围会在很大程度上受到这个部门或者团队的领导的影响。假设你的领导行事风格偏于保守，那么他所领导的部门和团队的行为也会趋于保守，如果你恰恰是一个求新求变、追求突破的人，在这样的氛围里工作必然会感觉不太爽。

我们再回到小红这个案例，她觉得自己做留学顾问业绩好，但收入没跟上，这背后的原因或许并非行业、职能、企业这三个基本要素，而是上司这个特殊要素。也许她的上司未曾注意到她的薪水问题，而她也没有就这个问题跟她的上司谈过，这种情况在职场中并不少见。如果是这种情况，小红或许应该在跳槽之前跟上司谈谈，看看是否有可能加薪，或者晋升。如果上司了解了她的需求，使她得到了相应的收入增长或者职位晋升，她就可以继续在这家公司踏实地工作。

我们再举一个例子：我的一个来访者，在一家世界500强企业工作期间，跟他的上司就某个项目发生冲突，之后愤而离职，开始创业。创业的过程相当艰苦，他从零开始，奔波半年也没有什么收入，此时，他听说他的前上司也离职了，新上司是原来负责另一个部门的一位领导，他们共事过，合作得很不错。得知这个消息，他很后悔，可是由于资本寒冬，这家公司暂停了招聘计划，他想再回到原公司变得很难。

如果时光能够倒流，让他再一次做选择，他可能就会考虑：

1. 我能不能换个部门？

2. 我能不能先忍忍？没准我的上司会换人呢。

3. 如果我真的辞职，我能不能凭借自己的工作经验换个同行业的企业？

像这样小步换牌，就不会换到坑里。

通过前面的分析，我们知道，其实选择职业可以有很多方法：

1. **换个组织。**你不需要换行业，也不需要换岗位，你只需要换个组织，也就是从本行业的 A 公司换到 B 公司。

2. **换个上司。**你需要了解自己是否有可能在目前就职的这家企业里换一个部门工作。事实上，你会发现在规模比较大的企业里，这一点是很可能实现的。

3. **换个岗位。**你需要了解自己是否有可能在目前就职的这家企业里换一个岗位工作。曾经，我的一位女来访者在一家世界 500 强企业的咨询部门工作了一年，但是她对这种工作感到很厌倦，很想辞职去别的公司做项目管理。在我的建议下，她决定放弃辞职的想法，寻找转岗的机会，经过近半年的努力，终于从咨询部门换到了项目部门。

4. **换个行业。**当你确切地知道自己想换到什么行业，并为此做了足够的准备，换行业也是一种选择。

5. **换个城市。**做出这个选择的你，多半是想要改变生活方式——世界那么大，我想去看看。

我们都希望找到一份完美的职业：在自己喜欢的城市，进入爆发性行业的世界 500 强企业，做自己爱做的事（做自己喜欢的岗位），还有一个跟自己志同道合的上司。但是，我们也知道，即便这种完美的职业真的存在，它的所有者也不一定会是自己。有了对职业的要素切分，我们就可以在无法找到完美的职业时，根据自己的需要对这五个要素做出排序：哪一个要素是我最看重的，哪一个次之？我们可以按照看重程度，给这五个要素打分。这样，我们就有了一个相对理性的职业选择标准。

小红的排序是：城市 > 职能 > 行业 > 组织 > 上司。她选择职业的思路可能是这样的：这五个要素我都想要，如果五个要素无法同时满足，我就先把上司这个要素去掉，因为极好的上司和极差的上司是比较少的，多数上司都是不好也不坏的；如果现实还是满足不了，那就去掉组织要素，去不了世界500强企业，规模小一点的企业也可以考虑；如果依旧无法满足，那再去掉行业要素……以此类推，一点点地聚焦自己的价值，职业的选择也就会一点点地增多。

当你贪恋得越少，你能拿到的机会就越多。

接下来，我将就行业、职能、组织、城市、上司这五个要素，具体讲一讲我们该如何选择职业。

2.2 抓住趋势行业，还是守住刚需行业

“抓住趋势，你的职业发展会更快。”这是我国从改革开放到现在，经过 40 年的努力得来的一条实践经验。我不敢说这条经验是永远正确的，但是我敢说，至少在过去的 40 年中它是行之有效的。

这里所谓的抓住趋势，就是在正确的时间进入正确的行业。

现在，让我们来简单回顾一下，自 20 世纪 90 年代至今，我国热门行业的变迁史。

整个 20 世纪 90 年代，是中国大力开展基础设施建设和推行对外开放的时代，因此，90 年代时基础设施建设行业和外贸行业是最热门的行业。我曾经在中国通信领域最大的设计院工作，那时，我国的通信建设仅限于铺设电话线路，而我们设计院的建筑设计所，一年能接到几十个通信大楼的设计项目，当时参与设计的工作人员年收入十几万元。

到了20世纪90年代末，基础设施建设开始升级，城镇化、电信、能源等领域纷纷爆发，以外贸为核心的商业也保持了增长，所以在那个时期，在这些领域工作的人都有较高的薪资收益。与此同时，许多外资企业借助外贸和基础设施建设的发展以及国家的优惠政策得到了巨大的收益，如城市轨道交通、高速铁路等行业，直到现在依旧在持续发展。

2000年以后，金融行业与保险行业快速发展，随着商业银行的企业化，股份制银行迅速扩张，大量国企进入证券市场带动了证券业的爆发，开启了大金融领域的春天。

2005年以后，随着人民币的升值，涉及外贸的行业开始衰退。同时，网速的提升使得互联网和移动互联网行业迅速升温。此时互联网行业的人进入快速升值通道。此外，随着商品房大量进入市场，房地产行业也开始迅速升温，私家车越来越多地进入人们的生活，汽车行业爆发。

2012年以后，建筑、通信、能源等基础设施建设领域的建设规模开始了不同程度的收缩，而互联网及其细分领域还在持续爆发。

这些趋势，只要你在选择职业的时候抓住了一次，就抢占了至少五年的发展先机。要知道，占了五年的先机就意味着比别人早赚五年的钱，而跟现在的一块钱相比，五年前的一块钱显然更值钱。

因此，我们还是事后诸葛亮地说，如果一个80后在2005年左右大学毕业进行职业选择时，抓住了行业发展趋势，选择进入互联网、金融、房地产、汽车四大领域中的任何一个，然后一直干到今天，他所取得的职业成就将是惊人的。

接下来，我将为你提供一些思考行业趋势的方法。

1. 把工作看作一种投资

现在，很多人都知道拿钱出去投资， 他们不知道的是，工作本身也是一种投资。我们在工作中也投入了资源，只不过这个资源不是钱，而是我们的精力和时间。当我们把选择工作看作一种投资时，内心自然就会评判，把时间、注意力和能力投入哪个行业比较划算。

人们常问："哪个行业有前途？"其实，**前途**在某种意义上来说就是**钱途**。想象一下，如果我告诉你有一个行业很有前途，但就是挣不了多少钱，你还会选择它作为你的职业发展领域吗？我猜你不会，因为这不划算，而这种判断划不划算的行为本身就是一种投资的心理。

既然把选择工作看作一种投资，我们选择行业的思路，是不是就可以借鉴那些投资大师的思路呢？

2. 我们把钱花在哪里，哪里就能挣到钱

"我们把钱花在哪里，哪里就能挣到钱。"

这个观点是《国富论》中所提到的交换理论的体现。

例如，你打了一辆出租车，把钱付给了出租车司机，那么当你去当出租车司机时，你就挣到了打车人的钱；你买了新的手机，把钱付给了某手机销售商，那么当你去卖手机时，你就挣到了买手机的人的钱。

换个角度来看这个问题，我们也可以说，大家在哪个行业花的钱比较多，哪个行业挣更多的钱的可能性就比较大。因此，我们只需要了解和分析，大

家在哪个行业花的钱比较多，就能够大致知道行业的发展趋势是什么。

在这里，我们把花钱的人，分为两类：一类叫用户（customer），一类叫组织（business）。所谓用户，就是一个人、一个家庭。所谓组织，就是企业，乃至国家。

我之所以这样划分，是因为这两类人花钱的领域有明显的区别。简单说来，一个个体是很难自己花钱建一座发电厂或者修一条高铁的。

这也就是所谓 2C 和 2B 的区别。

我们先说说 2C，也就是个人和家庭的开支。

如果大家看过投资类的书籍，就会知道有一位跟股神巴菲特齐名的投资大师，叫彼得·林奇，由他负责管理的麦哲伦基金曾拿到 13 年的年平均复利报酬率达 29% 的惊人成绩。彼得·林奇提出过一个观点：投资由家庭主妇决定。家庭主妇买哪个品牌的东西，我们就投哪个品牌的股票。这个观点背后的意思就是，你家的钱花在哪里，你就投哪里的股票。换句话说，你买某公司出产的洗发水时，捎带买这个公司的股票；你买某公司提供的保险时，捎带买这个公司的股票；你买某公司出产的汽车时，也捎带买这个公司的股票……

其实不光彼得·林奇这样干，巴菲特也这样干，巴菲特曾在自己的传记里提到，他喜欢吃哪家公司生产的食品，他就一定要成为哪家公司的大股东。

当我们把选择工作看作一种投资，我们做选择的时候，是不是也可以借鉴那些投资大师的观点呢？

“你把钱花在哪里，就考虑在哪个领域工作。”

我们不妨盘点一下自己每年把钱花在了哪里，也了解一下不同年龄段的人每年把钱花在了哪里。那些我们花了大钱的领域，就是市场前景好的行业。

下面这个表里，列出了对于个人和家庭而言，经济投入排名前 10 位的项目类型及其所对应的趋势性行业。

表 2-1

家庭经济投入类型	所属行业
房产（买房 / 还贷 / 物业费）	房地产、金融
餐饮食品	餐饮、食品
成人再教育	教育培训
服装、鞋帽、包包	服装、奢侈品
青少年教育	教育培训
娱乐（电影 / 电视 / 手机）	传媒、娱乐、广告
保险理财投资	金融
看病吃药保健	医疗健康
汽车（汽车购置及服务）	汽车、交通
旅游	旅游、酒店、餐饮

以下为对于上表所列出的趋势性行业的简要说明：

表 2-2

趋势性行业	说明
房地产	生活中，房地产几乎是人们经济投入最大的项目，这部分投入一部分给了房地产公司，一部分给了银行。房地产行业有了足够的资金，就会有发展前景。
金融	人们的经济投入少不了跟金融产生联系。金融无论怎么改变，这个行业都依然有更多可能性。
餐饮	餐饮行业是一个充分竞争的市场，在这里，公司众多，岗位也多，人们总能挣到钱。

（续表）

服装	服装行业也是一个充分竞争的市场，在这里，公司众多，且不乏小而美的公司。
教育培训	只要存在应试和求职的需求，人们就会对教育培训进行经济投入。
文化 / 传媒 / 广告	也许文化传媒行业并不是人们经济投入最大的行业，但它一定是人们投入业余时间最多的行业。现在的大多数互联网公司，都有文化传媒的属性。
医疗健康	医疗健康方面的花销是老年人的经济开销里最大的一个部分，尤其是当社会越来越趋向老龄化的时候，医疗健康的开销越将成为一个家庭的一笔重要开销。因此，医疗健康的开销行业自然也是一个有待发展的行业。
汽车交通	汽车产业及交通运输服务也是很多家庭的一笔重要的经济投入，服务于人的流动和物的流通的领域方兴未艾。
旅游酒店	随着人们对生活品质的要求的提升，旅游作为一种娱乐方式正越来越受到人们的欢迎，由此，旅游及其相关的酒店、交通运输、餐饮等行业，也跟着发展起来。

接下来，我们再说说 2B，也就是国家和企业主要把钱花到哪儿去了。

国家对哪个行业进行重大经济投资，哪个行业就将迎来巨大的发展。21 世纪的头十年，是中国国家基础建设投资力度最大的十年，因此，在这十年中，从事建筑、电信、铁路、能源、电力等行业的人，很多都赚到了他们人生中的第一桶金。

到了 2015 年，建筑、能源、电力、钢铁、电信等行业或多或少出现了“增长瓶颈”。这个现象背后的根本原因就是国家的投资重点转移了。

因此，如果你想知道哪些行业有发展前途，你就需要了解国家和大企业将投资重点放在哪里。有一个比较简单的技巧是在网络上搜索

“2018 年国家投资”，看看国家准备将未来几年的投资重点放在哪些领域、哪些城市。你可能会在网络上看到如“市政建设”“城市轨道交通”“军工”等字眼，你要知道，与这些字眼相关的行业就是国家即将重点投资的行业。

3. 刚需性行业和周期性行业的玩法完全不同

“刚需”是现在的热门词汇，这个词你常常能在投资创业领域里听到，因为风险投资人时常放在嘴边的一句话就是“只投刚需”。

刚需，代表一种相对稳定的需求。换句话说，如果你选择的行业是刚需性行业，那意味着它拥有相对稳定的市场。

曾经，一个风险投资人在跟我聊天时对刚需做了这样一个界定：“200 年以前就存在这样的行业，现在依然存在，至多是换了个面孔，这就是刚需。”

听了这句话，大家脑海中出现的多数是衣食住行以及医疗教育等行业。确实，这些行业都是刚需性行业。但事实上，很少有人注意到，电影行业也可以算是一个刚需性的行业——尽管 200 年以前没有电影，但是那时有戏台，戏台就是古时候的电影放映场。

刚需性行业会有“大小年”，但不会消失。因为只要有人，就有需求，有需求就有市场，有市场，这个行业就不会消失。

刚需性行业会有新的运营模式，但旧的经验不会被丢弃。比如在餐饮业，即便现在出现了新的支付方式，但是美味的食物和优质的服务却是依靠常年积累的经验确定和保存下来的，它们不会被丢弃，也无法被取代。所有的新模式、新技术，所起到的都是一种“加持”作用。

刚需性行业会有小经验，但难有快爆发。刚需性行业多数已经充分竞争了上百年，它的市场需求稳定、持续，不存在“蓝海”，所以也难有突然爆发的市场。因此，如果你选择进入刚需性行业，最好的发展策略是打持久战，借助时间的威力，努力积累经验，靠经验吃饭。在网络游戏里，有一种角色叫“大后期英雄”，特指那些初期难有强力技能和装备，但到了后期，强力技能和强力装备炼成时，就所向披靡的角色。其实，刚需性行业往往就是这种“大后期英雄”的最佳选择，例如刚毕业的住院医生，他们无论是在经验还是收入上都远远少于刚毕业的程序员、工程师，但是只要经过十余年的积累，他们的优势就会逐渐展现出来。我们去医院看病的时候都喜欢找老专家，就是这个道理。

在当前的行业局势下，除了有刚需性行业，还有一类行业——**周期性行业，**它们有明显的曙光期、爆发期、平稳期和衰退期，把这个过程用曲线图表示出来就得到一条典型的S形曲线。

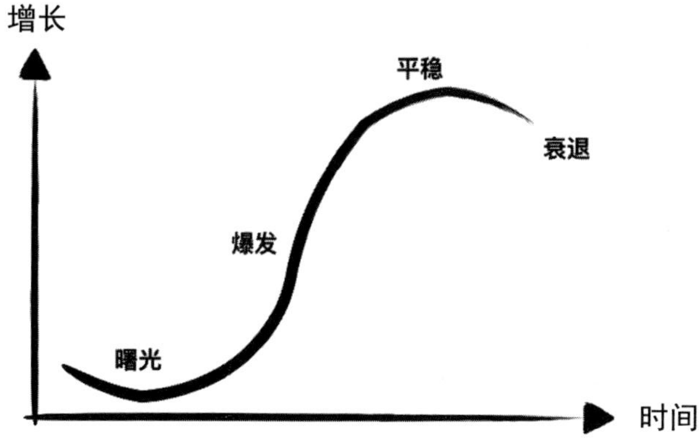

图 2-1　周期性行业的S形曲线

在这样的行业里，大家很容易想到一个很直观的发展策略：卡位策略——在某个行业即将迎来爆发期时进入这个行业，那么无论去做什么，后期都会跟着行业的上升期而有所收获。雷军的“站到风口上，猪都会被吹上天”和桑德伯格的“登上火箭船”就是对这种策略形象的说法。

这个策略有两个重要的环节：第一个环节是，找到未来可能爆发的行业。第二个环节是，你拥有一定实力和机会，卡住这个行业的位。

三年前，一个研发海洋技术的博士找我咨询，咨询结束后，他马上投了简历；三个月后，他在一家做商业服务的互联网创业公司担任技术总监，半年后他的收入达到20万并且得到了5%的公司股份。他能够取得这样的成功，难道仅仅是因为选择了一个热门行业吗？

事实是，这个博士有很强的程序开发能力，写过一些商业化程序，而在读博士之前他就成功申请了两项专利，正是因为拥有这样的实力，他才能有机会进入一个热门行业。

因此，如果你想在某个周期性行业成功实施卡位策略，你就需要有一点前瞻性的眼光，提前两三年“预测”到某个行业的上升，然后利用这两三年的时间快速学习这个行业的专业知识，并努力扩展该行业的人际关系，等待时机，果断入行。

你可能会问，如何提前两三年“预测”到某个行业的上升呢？

在此，我要介绍推荐两条许多商业人士成功实践过的方法论。

4.泡沫破灭后的两三年，是好的潜伏期

如果把那条S形曲线放大，你会看到，曲线在一开始会有一段小的波动，

这是大多数新技术、新产业进入市场早期都会经历的一个泡沫期。这段小波动，被著名的咨询公司高德纳公司（Gartner Group）称为“技术循环周期”。

多数非刚需类的新技术、新产业在曙光阶段都会经历五个时期：

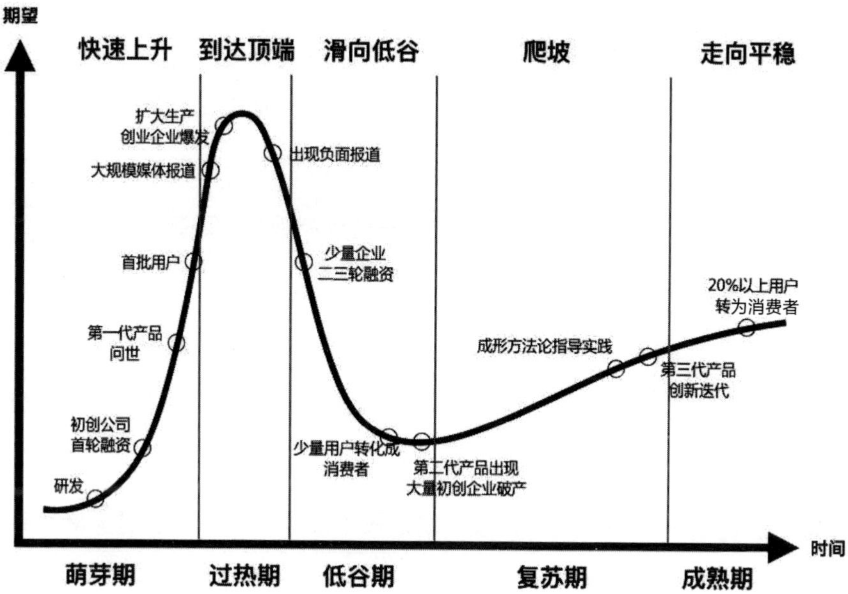

图 2-2

1. **萌芽期：**在这个时期，部分新技术、新产品已经被少量地投放市场，受到大家热议，3D 打印技术就是一个很显著的例子。

2. **过热期：**在这个时期，人们对这项新技术、新产品的兴趣到达一个小高潮，越来越多的人开始涌入这个行业，但是只有少数人能发现其中的隐患和疏漏。

3. **低谷期：**泡沫开始破灭，真正的市场需求尚未被激活，但是进入这个行业的人却很多。很快，不少企业或因为利润太低，或因为资金链断裂而退出，人们对这个行业的预期开始转向消极。

4. **复苏期：**在这个时期，大众和媒体已经不再把关注点放在这个行业，一批企业就此消亡，但依然有少量的企业在持续改进技术。

5. **成熟期：**到了这个时期，新技术或新产业开始进入真正的发展期，市场需求逐渐增大，市场规模突发性地扩大。

到这里，你应该可以看出，如果想要转换行业或者做行业选择，你选择进入某个行业的最差时期是过热期和低谷期，这就像是你在上证综合指数达到 6000 点的时候买了股票，而最好的时期是复苏期或者成熟期。

也就是说，当你看到某项全新的技术、产业乃至行业出现，并为大众热议时，你要做的是去关注和了解，但不要急于投入。等到它的泡沫迅速破灭，进入低谷期时，你反而应该开始储备知识和进入行业圈子，等到复苏期或者成熟期时果断入行。

各位，请记住这条曲线。**这条曲线是技术发展的曲线，更是人际关系发展的曲线。**你们跟密友、恋人的关系发展，是不是也是按照这样的趋势行进的？

2.3 选喜欢的职能，还是选有钱的职能

选择一个职能，需要在三种价值中做出权衡。这三种价值分别是：**喜欢、核心、可迁移。**

一、职能决定了你是否“喜欢”这个工作

下面我将分别描述三种做不同工作的人在他们的职场中所经历的真实的一天，假如这三份工作的待遇都一样，人际关系也和谐，未来也都有前途，请你从中选择自己最喜欢的一个。

工作 A

一天的工作从 9:30 开始。

9:30 进入工位，开机。

9:50 参加软件开发会议，跟几个产品经理沟通已经完成开发的功能，确定这两天需要开发的功能，确认高优先级的漏洞。

10:20 打开软件开发环境，了解要开发的需求，在纸上写个简单的流程，然后开始写代码。

12:00 吃午饭，如果赶上写代码不能中断的时候，让别的同事带饭。

12:30 午休，打两局游戏。

13:30 开工，继续写代码，调试。中途遇到技术问题，跟技术经理讨论，或者在技术人员 QQ 群里咨询和请教。接着遇到了最让人头疼的事——在代码中发现了问题但一直找不到原因，把问题发出去求助，却一直等不到回复。

18:00 如果当天的工作已经顺利完成，就可以收拾一下下班回家。如果没完成，就得继续工作，中途会吃晚饭换换脑子。

21:30 总算忙得差不多了，下班回家。今天加班了，明天可以晚点去上班，不过如果代码还有严重的漏洞，就得继续琢磨。

工作 B

8:00 起床，简单洗漱，直奔公司。

8:45 左右到达客户公司。请注意是客户公司，这项工作很多时候是在客户公司完成的。客户公司会给你专门安排一间房间，房间里摆放了各类我们会用到的材料。

打开电脑连上内网，开始查看邮件。如果都是一些确认性邮件还好，一旦有出 Q（指客户或上司提出材料问题）的邮件，今天就会比较忙了。

上午的时间几乎都在打电话和会议中度过，打电话的主要目的是敦促。

来自客户公司的各个部门的人向你追问材料，提问题，如果遇到比较重要的事就需要开会。

12:00，吃饭，间歇查看邮件以做到心中有数，如果遇到出 Q，下午就需要做清 Q 工作。

13:30 开始工作，下午的工作时间相对较长，要安排时间做底稿，把各种材料进行分类，财务流程、数据需要全部写在底稿上，以及做清 Q 工作，这样一直工作到 17:30。

17:30—18:00，吃晚饭，这时通常会接到新的 Q，于是晚上需要继续清 Q，完善底稿，并为后一天的任务做些准备。

22:00 下班。

工作 C

7:30 出门。

8:15 到公司。实际上在上班路上就已经开始工作了——在微信上回答学生及学生家长提出的问题。

8:30 开始处理邮件，开早会，列个人工作计划。

9:30 与两个有留学意向的学生面谈。介绍海外留学的情况、不同高校间的差别，了解两个学生的学业完成情况、个人兴趣等。其中一个学生已经跟你在微信沟通过多次，你给出了比较专业的建议，所以可以判定对方有购买意向，你暗暗下决心要将这一单拿下。

11:30 接电话并继续在微信、QQ 上回复客户学生及家长提出的各种问题。

12:00 吃饭和午休。

13:30 由于下午的工作时间比较充分，而且这个时间段的来电数量和面谈数量也比较少，可以用来做留学文书的写作和润色。

16:00 给几所大学的招生办写邮件跟踪学生的留学申请进度。

17:00 给申请的几所大学打电话，结合想要去该校留学的学生的问题向校方咨询。

19:00 结束一天的工作。但有时也会加班到 20:00。

我并未在一开始跟你们说明这三份工作的职能到底是什么，只是通过描述，让你对这三份工作的日常工作内容有一个感性的认知，进而从中选择自己最喜欢的一个。

现在我要告诉你们，这三份工作的职能分别是：程序员、审计经理、留学顾问。

你能够清楚地看到，这三份工作的工作内容存在非常明显的差异。

第一份工作的主要内容是：写代码。在电脑上用极其精确的计算机语言编写代码，并调试和修正错误。

第二份工作的主要内容是：核算。核算客户公司的所有财务报表，并写出清晰的分析报告（专业术语叫“底稿”）。

第三份工作的主要内容是：咨询、协调。用自己的留学专业知识打动客户，促使客户购买留学咨询服务，之后通过在客户与学校之间反复沟通和协调，解决该学生留学的各种问题，帮助客户顺利留学。

作为一个独立的个体，你必然会对这三份工作有个人的好恶，你可能更愿意做第一份工作，可能更愿意做第二份工作，也可能更愿意做第三份工作。

人们常说的“我不喜欢这份工作”“我对那份工作感兴趣”的这个喜

欢和兴趣，其实是指“我不享受这份工作”“我认为做那份工作是一种享受”。

这个“享受”，就促使你愿意去体验这份职业的整个工作过程，而在对职业的分解中，是**职能决定了你是否享受这份工作的工作过程。**

有许多职场人，他们的工作做得不爽，想转换职能，往往是因为即便他可以把本职工作做得很出色，但是他依旧不享受这个工作的过程。我认识一个人，他已经在一家网络公司坐到了人力资源总监的位置，但是他始终不喜欢那种工作状态。于是他向公司申请去做销售，短短三年，他就坐到了大区销售总监的位置。像他这样，想转换工作职能的人，其核心动因，就是想从不享受工作的状态换到享受工作的状态。

一般来说，如果你做了你享受的职能，你将得到的好处是：

1. **心情好。**做自己享受的事能让你的心情变好。积极心理学曾经提到过“心流”的概念，就是说人在全神贯注地做一件事的时候会沉浸其中，从而忘记了时间的状态。做让自己享受的职能就能让自己在一定程度上体会心流，心情也会随之变好。

2. **赚到了时间。**在同等的时间之内，你做这份工作的体验一定会比做其他工作要好，收获更多，这份时间花得值。

3. **能力提升会更快速。**做你享受的工作，容易激发你的内动力，你会在一定程度上忽略这份工作中单调的、使你感到难受的部分。比如做销售都会遇到被客户拒绝的情况，但是，一个享受销售过程的销售专员会比一个不那么享受这个过程的销售专员在心态上更积极。也因此，享受销售过程的销售专员能更快调整好自己，调整销售策略，拥有更高的工作效率，更快地提升能力。

综上所述，在多数情况下，你应该去做一个自己相对更喜欢、更享受的职能。

二、核心职能，收益会更高

即便知道做自己享受的职能会给自己带来许多好处，依然会有人选择自己并不享受的职能。就以我自己为例，我当年大学一毕业就去通信工程设计院做了一名工程师，每天负责的工作就是去查勘、出图纸、计算数据、研究天线参数、做实验或仿真等。实话说，我并不享受这种职能，但我还是坚持干了好几年，这是为什么呢?

因为我做的是这个单位的核心职能，这个职能有钱赚!

2000 年初，我国的通信行业迎来大发展，基础设施建设方兴未艾，我所做的职能是我们单位的核心职能，也是当时为单位创收最多的部门，那时我们每天都几乎忙到喘不过气来。在 2002 年，我们单位任何一个设计人员的月收入都有一万五千块钱左右，稍微高点的能达到三万块钱，而考虑到通货膨胀的因素，2002 年的一万五千块钱至少相当于现在的五万块钱。谁能告诉我现在做什么工作每个月能赚五万块钱?

再举个实例：小 L，她是一个做事认真、细心的女孩，大学毕业后在一家英语培训机构做行政，一开始她也觉得做行政工作比较适合自己，因为她总能把信函、文件整理得井井有条。但是后来，她越来越想换工作，因为她知道在这个城市做行政拿到的收入太少，而且更重要的是，她想要过更有成就感的生活。可是凭着她现在所拥有的工作经验，如果她想换份工作，多半也就是换个企业继续做行政而已。她不希望这样。我跟她说：“如果想换到更赚钱的行业，凭你现有的资历，选择去做销售是最有可能应聘成功的，因为销售是个入门门槛相对较低的职能。你喜欢跟人谈判，鼓动对方下单吗？”

她回答说她不喜欢，她内心对跟人谈判，鼓动他们买这买那有些抗拒，但是她最后还是选择从行政岗位换到了这家留学咨询机构的销售岗位。她之所以做出这样的选择，最主要的原因是这个岗位是公司的核心职能，老板很重视，无论是待遇还是权限方面，都比做行政更好。还有一个让她做出这个选择的原因是，她对这家留学咨询机构的课程比较认可，卖自己相信的产品，才能过她自己的心理关。

其实，有很多成功的销售，他们清楚地知道自己并不爱做销售，他们对鼓动客户下单这件事根本不感兴趣，但是他们依然坚持做了很多年的销售，有些人甚至做到了销售经理的职位。他们之所以这样做，最主要的原因是，他们发现在他们所在的公司里收入最高的职能就是销售，于是他们决定，先赚钱让自己活得好一点，然后再说转职能的事。

因此，你会发现，有些人转换职能并非转换到自己感到享受的职能上，而是从边缘职能转换到核心职能上。因为核心职能，往往就意味着受公司重视，得到更多的资源，待遇好且容易出成绩。这些人之所以选择转换到核心职能上，是因为相较于“享受”，他们更看重核心职能带给他们的收益。

在不同的行业和公司里，核心职能是不一样的。

从行业的角度来看，在教育培训行业，教师和销售是核心职能；在保险行业，销售和风险控制是核心职能；在广告行业，文案、设计和项目执行则是构成核心职能的铁三角。从公司的角度来看，同样是互联网公司，百度的核心职能是开发，阿里巴巴的核心职能是运营，而腾讯的核心职能是产品。

因此，如果你认为自己所做的职能不够受重视，缺乏认可，那么转换到核心职能也是一种选择。不过，转换到核心职能可能也就意味着你得在工作上投入更多，为了做出更亮眼的业绩，常常加班、出差、熬夜，都是情理之中的事。

三、可迁移的职能，转行更轻松

都说跳槽穷半年，转行穷三年，此言不虚。之所以这么说，一个很重要的原因是很多职能对行业的依赖性很强。比如，一个电气工程师，如果脱离电气行业，他的职能就几乎没有用武之地。从事这种职能的人转行时，可被迁移的经验和技能十分少，所以转行后他们多数要从底层做起，如此，自然是“转行穷三年”。

但还有一些职能，它们的独立性相对较高，从事这种职能的人转行时，能够将他们的经验和技能低损耗地迁移到新的行业，因此他们往往不仅不必“穷三年”，还能越转越好。在这一类职能中最典型的就是财务和人力资源，这是两项几乎所有的企业都需要的职能。

我认识一个人力资源经理，她在过去的十年中转行多次，她先是去一家全球连锁超市，然后换到一家会计师事务所，之后又换到一家金融公司。由于只换行业不换职能，每次转行，她的收入都能在原收入的基础上提升20%~30%，且没有太多职业经验方面的阻力，工作相对轻松。

下表是我根据可迁移性的高低，对不同的职能做的一个排序，如果你想要转换职能，相信它能够对你有所帮助。

表 2-3

职能	可迁移性（以 9 分为最高值）	说明
财务审计	9	某家企业的财务审计职能是可以被轻松迁移到其他企业的。
人力资源	8	某家企业的人力资源职能，其人力资源管理经验大体上可以被迁移到其他企业。
销售	7	销售可根据所面向的客户群的不同，大致分为个人销售和企业销售两种类型，个人销售面对的客户群是个人和家庭，这种销售职能不仅销售技能可以迁移，客户群也能迁移；企业销售面对的客户群是单位和企业，这类客户群相对难迁移。
营销	6	某家企业的营销职能，其营销技能、和人际关系容易被迁移到其他企业。
运营	6	某家企业的运营职能，其运营经验和思维方式容易被迁移到其他企业。
IT 开发	6	由于互联网和 IT 已经渗透到各个行业和企业，某家企业的 IT 开发职能是容易被迁移到其他企业的。
文创设计	5	文创设计职能主要指编辑、文案等以写作为核心技能的职位，其经验和技能可以迁移到营销和运营部门。
体验设计	5	体验设计职能可分为 UI 设计、平面设计等，往往是很多企业的外包项目，有较强的设计需求的行业，如游戏开发、手机应用、教育培训等，都会需要这项职能，因此它具备一定程度的可迁移性。
分析咨询	4	分析咨询职能一般是指管理咨询、行业分析这类职能。从事这个职能的人如果转行，往往是从专业的咨询公司转到一般性的企业做战略规划，从事该项职能的经验和技能能够实现相应的迁移。
项目管理	4	项目管理职能一般是针对超过百万投资的项目的管理。由于不同项目的行业属性差异相对明显，往往需要一定的专业技能支持，所以该项职能并不像人们预想中那样好迁移。
生活服务	3	从事生活服务职能的人多为厨师、木工、美发师等为大众提供服务的手艺人，其职业技能专业性较强，可迁移性相对较低。

教育培训	3	教育培训职能包括管理培训、职业技能培训和青少年培训等。从事管理培训和职业技能培训的人可以转到一些大企业做内部培训师，而从事青少年培训的人则难以跨行迁移。
工程技术	2	从事工程技术职能的人多是做深度科学研究的专家、教授，他们往往对某一学科有深入的研究，但是要将这些研究成果迁移到其他行业比较困难。
科学研究	2	做深度科学研究的专家、教授，对某一学科有深入研究，技能迁移比较困难。

选择职能到底该看重什么？

如果有一项职能你很喜欢，做起来很享受，它是核心职能，同时还拥有比较高的可迁移性，那就完美了。但现实情况是， 在多数情况下，三者兼有的职能并不存在。此时，你需要权衡哪个价值可以舍弃：舍弃“享受”，追求快速获得收益？舍弃“核心”，以享受工作的过程为重点？还是舍弃可迁移性，专注于某个行业领域的发展？

2.4 去大公司当兵还是小公司当头

我曾经跟一个在IBM工作多年的管理者聊起他在IBM的经历，他说，当时IBM给员工的待遇并不是业内最好的，至多达到中上的水平。我问他，为什么这样有实力的公司却不给员工最高级别的待遇？他的回答是：“因为仅仅是IBM这三个字母就值剩下的钱了。”

当你进入IBM这样的公司工作，你所得到的收益并不只是体现在月薪和年薪上，还有一份收益，是你所在的组织（公司）为你带来的溢价。当你准备跳槽，对方公司的人力资源经理询问你的职业经历的时候，你会眉毛微微扬起，嘴唇略动，缓缓吐出三个字母：IBM。你能这样自信、从容，是因为这三个字母为你戴上了光环，而这顶光环会使行业内更多的企业愿意以更高规格的薪资待遇聘用你。

当然，那已经是五年以前的状况，而现在，这个行业里的这种溢价主要由

BAT（B代表百度公司、A代表阿里巴巴集团、T代表腾讯公司）提供。也就是说，如果你曾在BAT的三家公司之一就职，你再去应聘其他工作，对方公司的人力资源经理将会因为你的这份经历而对你另眼相看；如果这时你准备去创业，投资人可能会因为这种溢价而加大对你的投资；如果你在学校或者微信群里做经验分享，听众也自然而然地会更信服你。你获得这份殊荣，未必真的是因为你的个人能力很强，很多时候是由于你曾经就职的企业带给你的溢价。

关于如何转换组织，大家能想到的无非是换到大公司还是换到小公司，换到国有企业、民营企业还是外商投资企业。你要知道，一切组织，除了带给你显性的收入之外，还会带给你一份溢价。在转换组织的时候，你要将这个因素也考虑进去。

一、现在溢价最高的公司是“酷”公司

当前，大多数人将对企业的关注点放在企业的性质和规模上，例如，是大公司还是小公司，是国企还是外企。而我认为，在现在这个社会，如果仅仅用一个指标来评定一家企业，那应该是“酷”，看看这家公司是不是一家“酷”公司。

在过去，这种“酷”公司往往也是一家大公司，例如亚马逊、谷歌、微软等外企，以及BAT、小米等民营企业。

而现在，也有一些比较“酷”的小公司，比如深圳市大疆创新科技有限公司，它成立于2006年，却已经是全球领先的无人飞行器控制系统及无人机解决方案的研发和生产商，它的客户遍布全球100多个国家。再比如“罗辑思维”，这家公司主要从事知识服务和运营，其员工总数不超过100人，却是该领域的翘楚。

像这类组织（公司），都是能给你带来溢价的组织（公司）。因为当一家公司让人们产生“酷”的感觉，那就意味着这家公司的产品、服务已经被人们接受、喜爱，甚至是忠诚地喜爱了。接下来，在光环效应的作用下，他们会认为这家公司的员工跟它的产品一样“酷”，而你作为这家公司的一名员工，公司的溢价就自然而然地落在你的身上。

举个例子，小 W 准备换工作，摆在他眼前的有两个选择，一个是没什么名气但能接到不少订单的软件公司，月薪 3 万元；另一个是比较“酷”的，已经成为某领域龙头的传媒公司，月薪 2.5 万元。我给他的建议是，如果不亟须用钱，就去那家传媒公司，因为它能给你带来更多溢价。这样，即便两三年后离开，这家公司的光环效应也会让他的身价更高，使他求职时拥有更大的选择权。

要判断一家公司“酷”不“酷”，我们可以问自己这样的三个问题：

1. 业务产品：这家公司的主要业务和产品是什么？我听说过吗？口碑如何？

2. 客户：他们的客户都是哪些人？

3. 核心团队：他们的核心团队背景如何？在这个领域做了多长时间？

拥有高口碑的产品和为高端客户服务的优秀团队就是“酷”公司的标志。

二、大公司、小公司的溢价在哪里

我们都知道，大公司有大公司的好，小公司有小公司的妙。在大公司会接受系统化的培训，有种踏实感；而在小公司能做更多的业务，能让自己的能力得到充分地发挥，相对灵活。从另一个角度来看，大公司有大公司的劣势，小公司也有小公司的弊端。大公司的工作多是流水线作业，一环扣一环，公司里的每个人都是螺丝钉，每个人都只负责其中的一个环节，这个范围非常有限；而在小公司就职稳定性比较差，可能会时刻面临公司散伙的风险。

从转换难度来看，大公司和小公司之间的关系是怎样的呢？总体而言，一般来说从小公司转换到大公司比较困难，而从大公司转换到小公司则要容易得多。

因此，很多职场成功人士的做法是：大学毕业后先到一家大公司就职，用几年的时间做出成绩，拿到一部分红利，然后跳槽到一家小公司做某个部门的总监甚至合伙人。经过几年的时间，如果运气好，那家小公司可能会逐渐成长为一家大公司；如果运气一般，它至少能保持原有的规模；如果运气实在不好，小公司倒闭了，他们又会换到新的小公司重新开始，或者干脆自己创业。就这样，用大公司带给他们的溢价去小公司换取高级别的岗位。

如果用能量转换的原理来解释这个过程，去大公司就职就是积累势能，而转换到小公司则是把所积攒的势能变成动能。

这就如同武侠小说里，大门派的溢价更容易被人们感知，行走江湖遇到别人抱拳问："敢问阁下师承何派？"你的回答哪怕只是"贫僧乃是少林的一个小沙弥"，对方都对你产生几分敬意。但你若是出自某个不知名的门派，那可能就得"拳脚功夫上见真章"了。相对而言，比起小公司，大公司总是会有更多的品牌溢价。但是，同"酷"公司一样，大公司往往应聘难度很高，所以，很多人的职场生涯都是从一家小公司开始的。

这时候，问题来了，在一个行业里有那么多的小公司，到底哪一家更靠谱？

我们都不是神，无法一眼看出某家公司未来是否会迎来爆发性的发展。“酷”公司的溢价来自它的产品和品牌，大公司的溢价来自它的平台和背景，小公司的溢价来自哪里呢?

来自老板。

如果你遇到一个有能力的老板，他能带给你很多非收入形态的溢价。在小公司近距离地观察、模仿有能力的老板，学习他的举止谈吐，学习他的管理经验，学会这些，你就得到了这个老板带给你的能力溢价。如果你在小公司能天天跟在有能力的老板身边干活，取得他的信任，就可能得到更多的发展机会。于是，在去见不同的客户、主持某些工作的过程中，老板的资源也会慢慢变成你的资源。

套用到江湖里，比较好的小公司就类似古墓派，虽然名气不大，但是掌门人很厉害；也类似桃花岛，虽然门派规模不大，但岛主是超一流大师，徒弟们个个身怀绝技。

那么，什么样的老板才是有能力的老板呢?

有能力的老板通常有这样几个特征：

1. 经历丰富，拥有职场的成功经验；

2. 手握一项或多项优势技能；

3. 信守承诺。

2.5 买小城市的房还是挤大城市的床

到底应该在大城市工作，还是去小城市生活，一直是近几年各大媒体热议的话题。某微信公众号曾在2016年和2017年分别策划了一期“4小时逃离北上广”活动。该活动一经推出，立刻引爆朋友圈，受到人们的广泛关注。

要大城市的一张床，还是小城市的一间房？对于这个辩题，持不同意见的人在网络上唇枪舌剑，却始终没能争出个结果。

辩论双方的观点大致如下：

1. 选择“大城市的一张床”

利：发展机遇更多、更公平，成长得更快、财富增长也相对较快；

弊：较高的房价、更差的空气质量、拥堵的交通。

2. 选择“小城市的一间房”

利：较低的房价、舒适便利的生活。

弊：发展机遇较少，学习的机会少，生活相对单调。

那么，我们从职业角度来看待城市，会不会有什么新思路？在此，我们不妨从以下几个角度来分析一下选择城市的章法。

一、大城市的规模经济为职业发展带来了什么

大城市的人口密集，由此而产生的规模经济对个人的职业发展带来三大影响：

1. 同等的投入能得到相对高的收益

餐饮业从业者都知道，地段是影响餐馆盈利的重要因素，好地段能带来更大的人流量、更多的消费者。在同等程度的投入下，在好地段开餐馆的老板能获得更高的收益，有了更高的收益就更容易扩大再生产，同时可能会产生更多的职位需求，吸引更多的人来到这个区域生活，于是，更密集的人口和更大的人流量又带来更多的收益。

2. 职业匹配程度相对更高

假如你是一名求职者，当你去招聘网站浏览招聘信息，你会发现一线城

市的职位需求是十分丰富的，其中的许多行业和岗位是在三四线城市找不到的。如果你学了个冷门的专业，那显然在大城市更可能找到与你所学专业相匹配的工作。假如你是一名招聘者，想要招一个精通某个冷门专业的知识的人，显然也是在一线城市更容易招到。这也就是为什么海底捞在四川简阳起家，却在生意越做越大的时候把总部迁到了北京。

3. 学习、提高的机会相对更多

一个人的职业能力是如何提升的？首先是在工作的过程中，通过反复地实践逐渐提升的。有句俗语说“神枪手都是拿子弹喂出来的”，这句话几乎适用于所有的职业。医生想要拥有高超的医术，就得医治过足够多的病人；厨师想要拥有高超的手艺，就得烹饪过足够多的食物。我是做职业规划咨询的，我的技能之所以能够一步步提高，一个很重要的原因就是我做的咨询服务足够多。

那么在哪里能得到足够多的实践机会呢？答案显然是大城市。只有在大城市才有足够多的病人、足够多的食客、足够多的来访者。

除了在工作中学习，人们还会通过参加大量的专业培训和沙龙来提升自己。在大城市集中了许多能力出众的专业人士，因此，专业培训课程和沙龙也多数集中在大城市。如果你选择在大城市生活，你会更容易获得这种学习机会，而通过专业培训及沙龙高频次的沟通和学习，你会成长得更快。

诚然，互联网的快速发展使网课这种线上学习的授课方式成为可能。但是，很多时候你会发现，由于线下学习能够使你结识更多的人，从而营造一种更加感性、立体的学习氛围，专业培训和沙龙等线下学习的效果常常要好于线上学习。

二、多数第三产业只存在于大城市

我们先来看看“城市”这个词，“城”是城墙，“市”是集市，“城”和“市”组成城市。所以简单地理解，城市就是用城墙围起来进行交易的场所。

我们再来看看集市是什么。

中学毕业的时候，我跟一个好朋友去距成都市几百公里远的一个村子里待了几天，他小时候曾在那里上过学。我们选了一个周末到当地的集市上看了看。

那个集市每周举办一次，在集市上，来自周围各村的村民将各自的农副产品进行交易。赶集的人从各自的村子出发，距离远的要走上两到三个小时，才能到达集市，村民在集市上完成交易后，会找一家饭馆吃午饭，午饭后再走两到三个小时的路回家。因此，一般来说，村民赶一次集需要花上一整天时间。

也就是说，一个集市距离周边村子的距离，大致是两到三个小时的路程。过去，人们赶集基本靠步行或者乘坐马车，所以两到三个小时的路程也就是二三十里地。

随着经济的发展，这种集市的所在区域慢慢地就会变成镇。一个镇到它所管辖的村子的距离，也恰好是二三十里地。

当镇兴建起来时，镇上除了有集市，还会产生其他的服务业，如餐饮、理发、洗浴乃至医疗、教育等，由此可见，服务业的产生跟集市有着天然的关联，有了集市，才会有更丰富多样的服务业。集市的本质是交易，做交易就可能需要广告、需要贷款、需要咨询……这些都是高端的商业服务，它们大多聚集在大城市，我们可以说，服务业天生就在大城市里。

再讲一个我做咨询时遇到的小案例。有一回，一个在中部地区的四线地级市的来访者打电话给我，说她很想从事广告行业，问我应该怎么做。我在电话里问了她一个问题：“你知道你所在城市里最大的广告公司是哪一家吗？”

她放下电话后去了解了一圈，然后在微信上表达了她的失望：“我们这座城市里根本就没有什么像样的广告公司，都是些小作坊，规模大点的都在省城，那些公司没有在我们这里设立分部，最多设个办事处。”

这下，一个结论就出来了。如果她想从事广告行业，想让自己得到更好的发展，就必须去更大的城市。

通过上边这位来访者的事例，我们可以得出一条经验：做职业选择时，一定得先看看自己所在的城市到底能不能提供相应的工作机会。

总之，如果你想要得到好的发展机会，一线城市依然是你的首选，如果一线城市的生活成本太高，你实在无法支撑，那退而求其次，二线城市也是一个不错的选择。

众所周知，大城市的发展机会多，但是考虑到大城市过高的生活成本所带来的巨大压力，依然有不少人选择回到家乡（三四五线城市）生活。那么接下来，我就来为大家解答另一个问题：**在三线、四线或者五线城市中，有哪些职业选择？**

1. 深度依赖本地资源发展的行业

有句俗话叫“靠山吃山，靠水吃水”，说的就是那些依托本地资源的行业。对于这类行业，人们最容易想到的就是**种植业**。种植业的发展十分依赖土地资源，而土地资源正是广大一线、二线城市所稀缺，而在三线、四线、五线城市比较丰富的资源。

此外，**旅游业**也是依赖本地资源发展的行业。比方说，如果你的家乡背靠 4A 风景区，你就可以依托这个资源发展旅游业，搞“农家乐”。

2.“单打独斗”类行业

我要讲一个名人，你来猜猜他是谁。

这个名人的第一重身份是山西娘子关电厂的工程师，不过他还有另一重身份——作家。他利用工作以外的时间，写下了不少科幻小说，其中有一部还荣获2011年度全球华语科幻星云奖最佳长篇小说金奖，这部小说叫《三体》。没错，这个名人就是刘慈欣。

关于他，还有一件逸事。有一次，刘慈欣的一个同事对他说：“刘慈欣，我在网上看到有个写科幻小说的人很火，他的名字竟然也叫刘慈欣。”

其实，很多像刘慈欣这样写小说的人，都选择在小城市生活。

因为写小说是个“单打独斗”的工作——作者会沉浸在自己的世界里，构建属于自己的王国。

对于从事写作的人而言，远离大城市的喧嚣，能让他们的大脑展开更加狂野的想象。

除了写作，从事艺术设计类的工作的人也可以选择在小城市生活。

舞蹈艺术家杨丽萍就是一个鲜明的例子。她生活在洱海边的小镇上，天天面对苍山洱海，那种洗尽铅华、返璞归真的生活能够帮助她孕育奇绝的艺术灵感。

3. 生活服务类行业

尽管当前的人口流动趋势是向大城市聚集，但是选择去大城市发展的多数是成年男性，而在三线、四线、五线城市还生活着很多老人、女人和孩子，有人戏称他们为“99-38-61 军团”（99——九九重阳节、38——三八妇女节、61——六一儿童节）。在这里，医疗行业、餐饮行业、美容美发行业和教育行业等以他们为主要客户的生活服务类行业就是你回乡发展的好选择。

回到小城市进入这类行业，我认为最好的就业方式不是给别人打工，而是自己创业。你可以和两三个人合伙开手工作坊，或者加盟某个连锁品牌，这时候如果你能好好运用在大城市学到的营销和管理知识，兴许就能获得成功。

4. 政府和国企

未来，即便小城市的人口规模会发生变化，但政府部门、事业单位和一些国有企业依然存在，这些机构所提供的就业岗位也是你可以考虑的。

2.6 跟对上司“吃肉”，跟错上司“吃土”

在本章的第一节，我们提到了选择职业的五个重要因素：行业、职能、组织、城市和上司。

为了了解人们对自己的职业的满意程度，我特别邀请我的学员分别对这五个要素按照满分十分制进行打分。猜猜看，在这份统计结果中，哪个要素的满意度最低？

答案是：上司。

由此可见，上司也是很多人选择跳槽的最直接的原因。

在职场中，上司或者老板，总是举足轻重。在不同的组织里，上司所扮演的角色也有所不同，有的组织像一个家庭，在这里，上司就像个“父亲”；有的组织像一个王国，在这里，上司可能更像个“皇帝”。鉴于上司所扮演的角色的复杂性，下属跟上司的关系也往往不仅限于简单的雇佣关系，或者说契约关系。

一、什么样的上司值得跟

看过几百位来访者的从业经历后，我发现了一个规律，那就是跟对上司，是一个人在职场中快速成长的充分条件。

很多人会问我，什么样的上司值得跟？

我认为，一般来说，好上司具备以下四个特点：

1. 成就动机强

美国社会心理学家麦克利兰认为，具有强烈成就动机的人的内驱力较强，有想法，有进取心，行动快，不容易被他人的评价左右，喜欢体验成功的喜悦。对于初入职场的人而言，一个成就动机强的上司会给他们带来一种“推背感”，这样的上司能够推动他们不断地学习和成长。

2. 能容人

房龙在《宽容》里说，宽容是容许别人有行动和判断的自由。房龙说的是一种很高的境界，普通人很难达到，因此，只要一个上司能做到表面上容人，就已经很好了。

大家都知道，杨修曾当着曹操的面显露自己的才能，陈琳曾写檄文痛骂曹操，这些事一定让曹操心里很不爽，但他并没有当众发作，而且能够用人所长，这是很难得的。

能容人的上司，能够在一定程度上接受别人与自己不同的想法，保持和而不同，这很高明。

3. 真诚

我认识的一个老板，创业初期由于资金链出了问题，迫不得已要减少员工的薪水。他把公司的经营现状直接告诉员工，并向他们坦言自己的焦虑，得到了多数员工的理解和支持，这就是真诚的力量。

真诚的上司不会恶意地糊弄下属，这样的上司是值得信任和跟随的好上司。

4. 跟你的价值观相近

人们往往喜欢跟自己相近的人。这个相近，往往并不是指性格、气质的相近，不是说你性格外向，对方也一样，你们就是相近的了，而是说两个人的看法、观点、价值观相近。比如，两个人都认为契约精神是组织里的核心价值，或者都认为独立思考很重要，又或者都认同“爱拼才会赢”这句话……当两个人在价值观的层面相近时，即便性格、气质不一样，也会相互吸引。

遇到跟你的价值观相近的上司，你拼尽全力完成工作，忠诚地跟随他，他会成为你在职场上的导师。

只要你的上司满足以上四个特点中的三个，他就是值得你跟随的。

二、在什么样的情况下，你应该“换掉”上司

好上司可遇而不可求。你可以通过自己的努力进入自己心仪很久的企业，却可能无法预先选择自己的直属上司。因为很多时候，在入职之前，相比你对企业本身的了解，你对自己未来的直属上司知之甚少。

是否能够与上司相处融洽也是一件讲究缘分的事，如果你恰好与你的上司志趣相投，那么你们就比较容易互相理解，共事时也比较合拍。有个游戏叫《三国志》，里面的武将除了设有智力、武力、统御力这些参考数据之外，还有一个隐藏数据，叫“相性”。例如，诸葛亮和郭嘉都是军师，诸葛亮跟刘备的相性相近，跟曹操的相性相差较远；而郭嘉则与诸葛亮相反，他跟曹操相性相近，跟刘备相性相差较远。我们并不能因此断言刘备和曹操不是个好主公，因为与上司的相性相近与否，从本质上来说是由你与上司的性格气质、行事风格等来决定的，志趣相投则相性相近，这无所谓好坏。

当然，如果你跟你的上司的相性相差较远，那么很可能无论你们怎样沟通、调试，都很难建立和谐融洽的关系。但是，这还不至于成为你换掉上司的理由。在什么样的情况下，你应该“换掉”上司呢？

我认为，应该被“换掉”的上司也有以下几个特点：

1. 出现屡次不兑现承诺的情况

在职场里，契约精神是各项工作顺利进行的重要保证。也就是说，只要你认真工作，就应该得到相应的待遇。如果这时候你发现你的上司多次不兑现承诺，不能给予你先前应允的各项福利待遇，那么你可以将他的这种做法

判定为违背契约精神，这种上司是不值得信任的。

人与人之间的信任关系原本就是一个处于不断变动中的关系，上司与下属之间亦如此。一开始，在契约精神的约束下，你与上司对于彼此的信任分值可能都是60分，当你兑现了一次承诺，上司对你的信任分值由60分提升至65分；当上司也兑现了一次承诺，你对他的信任分值也增加5分，变成65分。反之，当你们任何一方出现不兑现承诺的情况，对方都会在心里默默扣除5分的信任分值，当这个信任分值降至某个数值时，这份关系就难以为继了。

需要注意的一点是，我在这里说的是“多次不兑现承诺”，因为有时候上司没有兑现对你的承诺，可能只是一时疏忽，你只需要通过与他沟通，善意地提醒，比如“我们这次提前一周完成这个项目，您上次开会说会给大家放一天假，您看咱们什么时候放呢”，就能促使上司履行承诺。而如果他屡次违背承诺，甚至在你善意提醒的时候还对之前承诺的事情矢口否认，那就说明他是有意为之。

2. 当众侮辱下属的人格

下属做错了事，受到上司责备是情理之中的事，但是，如果上司的这种责备不是就事论事，针对下属在工作中所犯的错误本身，而是针对下属个人，对下属进行人身攻击，甚至当众侮辱下属的人格，那就不正常了。

如果你的上司会在下属做错了事的时候当众奚落他，侮辱对方的人格，那就说明这个上司不懂得尊重人，且情绪管理能力不强。如果上司事后能够意识到自己的不对，在工作机会、待遇等方面给予被侮辱的下属一些实质性的补偿，那么这个上司还不算太差。反之，如果他完全没有意识到自己的做法有什么不妥，你作为他的下属就要慎重思考自己是否还要继续跟随他了。

3. 故意剥夺你获得某种价值的权利

我们每个人在职场中都有各自看重的价值，它们或者是能力的提升，或者是某种归属感，又或者是理想的实现……我们最终能否获得这些价值是与我们的上司紧密相关的。

可是在职场中就有那么一种讨厌的上司，他知道你看重的价值是什么，却故意剥夺你获取这种价值的权利。

如果你看重能力的提升，他就故意总是给你分配缺乏技术含量的工作，这些工作基本无法产生任何业绩，完成工作的过程中，你也几乎无法从中培养任何新的职场技能。

如果你看重归属感，他就暗地里操控团队里的其他人排挤你。

如果你看重理想的实现,他就故意安排你做与实现你的理想背道而驰的工作。

……

如果你遇到这样的情况，你应当马上与你的上司沟通，放低姿态，坦陈你的诉求，虚心求教。假如这样做并不管用，你就应该考虑“换掉”他了。

三、如何能快速了解你的上司呢

事实上，了解你的上司不一定非得等到入职之后，你可以在见到他本人之前试着先去了解一下他的风评，从网络上搜集一些他写的文章和有他出镜的视频。此外，面试也是一个了解上司的好方法，你要记住，面试是一个双向考察的过程，你接受面试，同时也面试对方。

我的一个在某公司担任人力总监的朋友跟我讲了一件他在面试求职者的过程中遇到的趣事。求职者是一个 90 后，面试即将结束的时候，我的这个朋友问了他一个问题："你还有什么想问我们的吗？"

他想了想，说："如果我入职了，您就是我直属上司吗？"

"是啊。"朋友这样回答。

这时，那个 90 后慢慢从背包里拿出几张纸，递过来，说："这是一份性格测试题，专门用来测评上司的性格，您能花 10 分钟做一下吗？按照您最直观的感觉填写就好。"

你们看，现在的年轻人都很有想法，他们已经懂得在面试过程中赋予自己受试者与面试官的双重身份。事实上，越是在职场混迹多年的人，越应该重视对上司的前期了解。

下面，我要介绍一种面试方法：行为面试法。这是很多大企业面试求职者的惯用方法。所谓行为面试，主要是通过询问求职者过往的工作和生活经历，借助他们对自身经历的描述，来了解他们的性格气质和求职动机，评估他们的个人素质和工作能力。

在行为面试中，面试官常常会向求职者询问如下这些问题：

"在过去工作中，最令你感到自豪的事是哪一件？"

"在过去的工作中，你是如何弥补自己的短板的？请举个例子详细地说一下。"

"在过去的工作中，你是如何处理特别容易出错的工作的？请举个例子详细地说一下。"

……

面试官询问这些问题的出发点在于，首先，过往的经历是难以杜撰的，即便求职者有意遮掩，面试官也很容易拆穿。其次，真相往往藏在细节里，面试官可以通过求职者描述的过程中提到的一些细节，考察求职者的能力和品质。

举一反三，求职者也可以在面试官问“你还有什么问我们的吗”的时候，通过几个问题来了解自己未来的上司：

“在过去的几年里，您和您的团队做得最成功的项目是哪一个呢？您能大致讲一讲，您是如何带领大家顺利完成这个项目的吗？”

“作为一个领导者，对于团队中表现平平的成员，您会如何管理？”

“作为一个领导者，您最看不惯员工的哪种行为？”

……

通过发问，一方面，求职者很好地展现了自己积极主动的求职态度，表达了对这份工作的重视；另一方面，求职者也可以从对方的描述中初步了解对方是否与自己合拍。

除了面试阶段，入职之后的试用期也是一个了解上司的黄金时期。要知道，试用期也是一个双向选择的时期。这个所谓的“试用”，不仅是公司对新入职人员的试用，还是新入职人员对公司（上司）的试用。因此，在试用期只顾埋头干活，忽视甚至放弃了对公司和上司的深度了解是很不明智的。

在三个月的试用期里，你应该在认真工作之外，勤于向上司汇报自己的工作进度，对于工作中遇到的重大问题，应当积极地与上司讨论解决方案。条件允许的话，你甚至可以跟上司简单地聊一聊工作之外的事，比如兴趣爱好等。通过沟通，增进对上司的了解，从而帮助自己进一步确定是否要留在这家公司跟随这个上司。

曾经，我的一个有着丰富的工作经验的来访者，在入职一家互联网创业公司仅两周就选择了离开。我询问他离开的原因，他告诉我，在这两周中，他就工作方面的问题与上司沟通过五六回，通过沟通，他发现他的上司虽然有很多想法，却常常朝令夕改，这让他无法接受。

我知道这位来访者是一个有了想法就要马上推进落实的人，所以，对于他做出这个选择我表示理解。

3. 能力管理

让能力长成一棵树，而不是一片草

良好的能力管理既非取长补短式的弱势管理，也非扬长避短式的优势管理。良好的能力管理应该是把个人能力看作一个系统，通过识别、呈现、洞察和优化，打造出一棵属于自己的“能力树”。

3.1 识别能力认知偏差的三大陷阱

玩游戏的时候，你会发现，几乎所有的游戏角色都各自有一棵“能力树”，树上用酷炫的小图标标明了这个角色的身份、等级、经验值、优势能力等各项能力值。

其实，这是一个带有很大诱导性的设计，当你看到这棵“能力树”，你会很自然地思考两件事：1. 以我现在的能力能打赢哪种类型的怪物？ 2. 下一步我应该发展哪个方面的能力？然后你的大脑就会发出相应的指令，你会遵照这些指令把这个游戏玩下去。

这使我萌生了一个设想——如果我们的职业和人生是一个名叫 Life Online （人生在线）或者 Career Online（职业在线）的游戏，那么在这个游戏里，我们每个人也应该各自有一棵类似的“能力树”，这样，或许我们会更乐意去玩这个游戏。

遗憾的是，迄今为止，还没有人能把这个设想变成现实。我们每个人对自己的能力认知似乎都不那么清晰，我们可能并不清楚自己到底在哪些方面有优势，或者不清楚这些优势达到了什么程度。也就是说，我们对自己能力的认知与我们实际的能力水平存在偏差，有时候这种偏差可能会非常大。

1. 第一种偏差：选错了参照物

下图是一个摄影师从零基础到成为正式摄影师过程中的能力曲线图，在这张图上，有三条曲线。

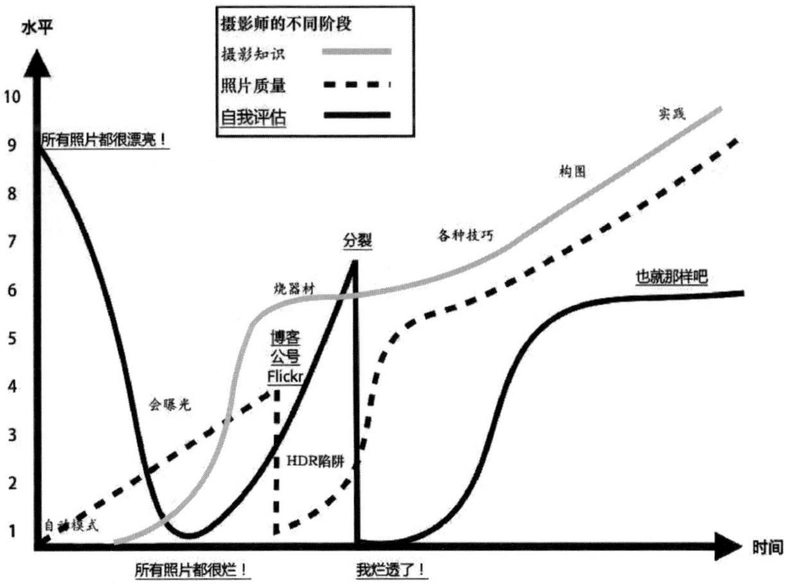

图 3-1

摄影知识曲线展示了摄影师在不同阶段所掌握的摄影知识量的变化，照片质量曲线展示了摄影师在不同阶段所拍摄照片的质量的变化，自我评估曲线展示了摄影师在不同阶段对自身摄影能力的认知变化。

从这幅图中，我们会发现，自我评估曲线的走势与摄影知识曲线的走势有很大的差异。

事实上，造成这种差异的原因很简单。初学摄影的人往往对自己的摄影能力很自信，他会认为自己的很多摄影作品都很不错，通过一段时间的学习，他才发现自己的摄影水平很低，于是他对自己的能力评价会如断崖般迅速下降，而此时他的摄影能力正在逐步提升。

又经过一段时间的学习，摄影师学会了一些摄影技巧，比如，学会了用 Photoshop 等图像处理软件美化照片，从而使自己的作品美感陡增，这时，他对自己的摄影能力的评价又开始提升。

随着摄影能力的不断提升，摄影师对自身摄影能力的认知开始呈两极化状态，一种是认为自己的作品非常优秀，自己已经是个摄影高手；另一种则是意识到，跟摄影大师的作品相比，自己的作品还存在很多的不足，自己的摄影能力还差得远。直到第四阶段，这种两极化的认知才会随着摄影师的摄影知识和摄影能力进一步提升，趋向客观。

其实，这张图也可以看作职业能力变化曲线图：当你开始学习某项职业能力，你觉得自己只花了几十个小时就已经将它掌握了，实际上你知之甚少。当你继续学习，了解到更多的知识，你开始意识到自己的无知，你认为自己简直一无所知，却没有察觉到此时的自己已经进步了。接着，在你了解了更多，也见识了更多之后，通过比较，你会对自己产生两极化的评价——时而觉得自己是个高手，时而觉得自己还差得远。就这样，直到下一个阶段，你才开始对自己的职业能力有一个相对客观的认知。

上述这个认知过程中产生的偏差很像炒股票时股价与其实际价值的偏差，一只股票自有它实际的价值，但是在牛市或者大家都看好它的时候，它的股价会远远高于它的实际价值；而在大熊市或者大家都不看好它的时候，它的股价又会远远低于它的实际价值。

在我们的职业发展过程中，这种由于选错参照物而造成的认知偏差，可能会误导你，使你采取一些错误的行动，从而陷入巨大的失望或者错过某些发展机会。

例如，某行政主管小 T，缺乏做人力资源工作的经验且缺少相关的人脉，却自以为可以胜任人力资源工作，结果她冲动辞职后，两个月接连投出几十份简历，却没有接到一个面试邀约。想去互联网行业做产品经理的小 S，专门找培训班进行了近半年的相关学习，却认为自己的能力不足，不能胜任产品经理的职位，迟迟不敢投出简历。

2. 第二种偏差：错误看待平台溢价

很多人应该都读过《史记 · 廉颇蔺相如列传》，这篇文章告诉我们，给赵王举荐蔺相如的是一个宦者令，名缪贤，那时蔺相如是他的门客。关于为什么举荐蔺相如，文章里是这么说的——

> 对曰：“臣尝有罪，窃计欲亡走燕 ，臣舍人相如止臣，曰：‘君何以知燕王？’臣语曰：‘臣尝从大王与燕王会境上，燕王私握臣手，曰“愿结友”。以此知之，故欲往。’相如谓臣曰：‘夫赵强而燕弱，而君幸于赵王，故燕王欲结于君。今君乃亡赵走燕，燕畏赵，其势必不敢留君，

> 而束君归赵矣。君不如肉袒伏斧质请罪，则幸得脱矣。’臣从其计，大王亦幸赦臣。臣窃以为其人勇士，有智谋，宜可使。”

将这段文言文翻译过来，意思就是——“我曾犯过错，私下打算逃亡到燕国，我的门客相如劝阻我，说：‘您怎么会了解燕王的想法（知道燕王会收留你）呢？’我对他说：‘我曾随大王在国境上与燕王会见，燕王私下握住我的手，说“我愿意跟您交个朋友”。由此我了解了他的想法，所以打算投奔他。’相如对我说：‘赵国强，燕国弱，而您受宠于赵王，所以燕王想要和您结交。现在您是从赵国逃亡到燕国去，燕国惧怕赵国，这种形势下燕王必定不敢收留您，而且还会把您捆绑起来送回赵国。您不如脱掉上衣，露出肩背，伏在斧刃之下请求大王治罪，这样也许能侥幸被赦免。’我听从了他的意见，大王也开恩赦免了我。我私下认为这人是个勇士，有智谋，应该可以出使。”

如今，很多盲目转行的人就是犯了和缪贤一样的错：**把平台带给他的溢价看作自己本身所具有的价值。**

比如，曾经有一个在某国企做了十多年质量管理工作的主管，由于实在厌恶质量管理这项工作，冲动之下选择了“裸辞”。他辞职之后才意识到，转行于他而言近乎“从头再来”，而如果去下游企业继续做质量管理工作，他的收入会比在国企的时候下降至少 1/3。

这位主管的问题就在于，他错误地估计了自己的职业价值，以为自己当下所获得的收入是与自己的职业价值相匹配的。殊不知，国企这个大平台的溢价在他的收入中占据了很大比重，一旦离开这个平台，光靠他自身的职业价值，他根本拿不到这样高的收入。

3. 第三种偏差，他人对你的评价所带来的困惑

如果要请你的一个朋友给你做一个职业能力评估，你猜他会说什么？一般说来，他会给你好评，比如说你亲和力强、情商高、有创意、做事细心周到等，而不是选择像贪心、懒惰、浮躁、冷漠这类的消极词汇来评价你。

很多试图帮助人们进行自我探索的机构都会做这样一个活动——邀请别人用三个词来形容你，我做培训时也发起过这个活动。实话说，我做这个活动的主要目的并不在于帮助学员们正确认识自我，而仅仅是活跃气氛，让学员们互动。事实上，这个活动于学员们形成对自己的正确认知无助。因为即便让你用三个词形容一个很容易给对方压力的人，你也不会使用类似于“控制欲”“强势”这样的词，你可能只会说他很主动、积极。我们会下意识地避免使用那些容易产生消极联想的形容词，这种做法无疑会带给对方一种错觉。

再举个例子，市面上有不少帮助人们分析性格类型的机构，它们会要求来访者做一个性格测试，然后根据测试的结果来给来访者相应的性格判断。在做出性格判断的时候，专业的咨询师往往措辞更加严谨，比如“仅仅根据我个人的经验来看，你在一些人际沟通上可能会是……”但是，也有不少咨询师会表达得很夸张，其目的很容易理解，无非是活跃气氛，提升来访者的咨询体验。我记得有一次，我看到一位咨询师郑重其事地对一位家长说：“你的孩子在写作方面很有天赋，他很可能会是下一个金庸。”当时，我看到那位家长的眼睛明显在一瞬间亮了起来，眼神中充满了期待，我很担心未来他的孩子会被这种期待绑架。事实上，我认为那位咨询师夸张的评价很有可能会

导致那位家长对孩子的写作能力盲目自信，这对孩子的发展是非常不利的。

上边说的是别人给你好评的情况，而在另一些情境下，他们可能会给你差评，其中一个典型的情境就是“背地里”。

你听到别人当面给你的好评时，你可能会怀疑自己的耳朵；而如果你有幸听到别人在背地里给你的差评，你会更加怀疑自己的耳朵。

还有一种情境是吵架。如果你跟一个人吵架，那么对方对你的评价可能会很轻易就戳中你的软肋，甚至有些歪曲、夸张和杜撰的成分，听到这些评价的你很可能不知所措。

实际上，真正的你，往往既不像他们当面给你的好评那样好，也不像他们背地里给你的差评那样差。

3.2 作品呈现：让客户认可的最好方式

很久以前，赵本山做过一则广告，广告里有一句台词是："不看广告看疗效。"这句话是很有道理的。之所以这么说，是因为我知道有一款中药居然在美国的亚马逊网站上畅销。按照我们惯有的认知，美国人是不认可中药的药效的，所以知道这件事的时候我简直难以置信，但它却是事实，这款在美国的亚马逊网站畅销的中药名叫"马应龙痔疮膏"。

如果你能看到美国版亚马逊网站上用户对这款中药的评价，你恐怕要惊诧于他们出众的语言天赋：

"它让我重新做回了人，使我不再一味地承受痛苦、忍受折磨。美国人，对不起，这一局是中国人彻底赢了。冰凉、激爽、慰藉。"

由此看来，美国人也不管是不是中药，只要疗效好就行。

在这里我来想象一下，如果我们每个人都是一款产品（我不是非要你们把自己想象成痔疮膏），那我们要如何得到有关这款产品性能的最客观的评价？我想答案已经不言而喻，那就是看（使用）效果。效果即价值，也就是说，这款产品能给用户带来哪些价值。

作品，作为能力应用的结果，就是一件能够证明你的价值的东西。

如果你想证明自己擅长写代码，你的作品就是你写的程序。

如果你想证明自己擅长做设计，你的作品就是你做的图标、视频、音频等。

如果你想证明自己擅长做饭，你的作品就是你做的菜肴。

如果你想证明自己擅长讲课，你的作品就是你的授课视频。

如果你想证明自己善于思考，你的作品则可以是你写的文章。

将你的能力用作品展示出来，你就可以通过这个作品对自己的能力做出评估。

因此，关于证明某项能力的方式，我建议：**能变成作品的，一定要先变成作品。**

比如我认识的设计师，都有一个自己的作品库，每当做了一些设计作品，他们就会把这些作品存进去，这种做法几乎也是每个设计师都有的习惯。我作为职业生涯规划咨询师，要证明我的能力就需要写文章和书稿，这些就是我的作品。

事实上，把能力体现在作品上，也确实更有利于我们对自己的能力做出更为客观的评价。

一个摄影初级爱好者，很容易高估自己的摄影能力，但是如果他能将自己的摄影作品拿给专业的摄影师，然后让他们根据这些摄影作品对他的摄影能力做出评价，就能得到一个更为客观的评估结果。

另外，做出作品，也是帮助我们顺利完成职业转型的有效方法。

曾经，我的一个朋友想去互联网行业做产品经理，但是他没有相关的工作经验，于是，他就自己画了产品的模型图和相关的产品功能展示图，依据两幅图做了一个土造产品模型，并撰写了产品体验报告，然后带着这些图和模型去参加面试，很快，在面试了几家公司之后，他顺利入职。在这个案例中，这个“土造产品模型”就是他的作品。

在现代社会，作品大致可以分为两个类型：

1. 实体作品

这种作品是指那些可以用手实际触摸到的作品，例如，木匠打造的家具、裁缝缝制的衣服、园艺师打造的盆景、厨师做出的菜肴等。

2. 虚拟作品

这种作品是指那些虚拟的无实体形式的，需要借助媒体的渠道进行展示的作品。例如，导演拍出的影片、设计师画的画稿和图纸、作曲者谱出的曲子以及写作者写出的文章和书稿。也就是说，虚拟作品的作者不一定是媒体人，他们可以是从事各种职业的人，他们只需要将他们的作品借助媒体的渠道展示出来。

一个讲故事能力很强的作家，会用他的文学作品来展示自己的能力，而一个思考能力很强的企业咨询顾问，则会用类似于咨询报告这样的作品来展示自己的能力。咨询师可以用自己做咨询时录制的音频和视频作为他的作品来展示自己的能力，程序员可以将他们写的程序代码作为展示自己能力的作品。

请记住，要证明你的能力，最好的方法就是把你的能力用作品展示出来，能做出实体作品的就做出实体作品，不能做成实体作品的就通过写出来、画出来、拍出来等各种各样的方式，放到微博、微信公众号、Git Hub（一个供程序员上传代码的平台）等媒体平台上进行展示。

3.3 评估自身能力的三大方法

大家都知道，并不是所有能力都能用作品来展示，在这一类能力中，比较典型的就是人际交往能力和个人管理能力。

人际交往能力包括组织协调、销售推进、管理领导、引导激励等多个方面的能力，个人管理能力则分为时间管理、项目管理、情绪管理等多个层面的管理。对于这一类在职场中十分重要，但是又很难用作品展示的能力，我们可以诉诸经验。经验可以作为能力的另一种证明。

在中文里，经验是个释义有些模糊的词。如果去查《现代汉语词典》，你会发现“经验”跟“经历”这两个词在释义上是有一定重合的。但是我们都很清楚，如果有做某件事的经验，那么通常就有过相关的经历；而有做某件事的经历，却未见得有相关的经验。

在英文里，有个词叫 know-how，在我看来，这个 know-how 就可以理解成经验。如果让我给“经验”下一个定义，我认为，**经验，就是经历过，且清楚地知道如何达成目标的能力。**

在游戏里，经验通常被设定为一个清晰可见的可增长的数值，也就是经验值（EXP）。但是在实际工作中，我们很难把经验诉诸这样一个显而易见的、可量化的数值，这成了我们很多人在证明自身能力过程中很大的阻碍。

针对这个问题，我给出三种解决办法：

一、讲述成就故事

一到年末，就会有很多机构举办类似 TED 的演讲和论坛活动，典型的有：TEDx 活动、一席论坛、做自己论坛等。在这类活动中，每个演讲者会花上大致二十分钟的时间与听众分享一个主题。仔细观察你会发现，台上的演讲者大多会通过讲述自己的故事来打动台下的听众。这个过程可以概括如下：

1. 当年我遇到一个境况，触动了我的某根神经。
2. 我产生了一个想法。
3. 我一步步实现了这个想法。
4. 我很厉害。
5. 台下的各位，你们也可以像我一样厉害。

这种通过讲述过往的成就来展示自身能力的行为，是一种典型的自我评估方法。对于这种故事，有个专业的术语叫“成就故事”。也许很多人会觉得，讲述了成就故事，似乎也很难凸显自身的能力。实际上，导致这种结果的原因通常是他们对自身成就故事的描述过于简略。例如，我的一个从事教育培训的来访者在叙述自己的成就时，只用了“写作公开课转化了更多的学员，转化率达到 78%”这样一句话来概括。

如果仅用一句话来概括你的成就故事，是无法评估和展示你的能力的。

讲述成就故事的核心，在于描述细节。

比方说，在描述两种红色时，我们可以稍微增加一点细节的描述，明确指出一种红色是暗红，而一种红色是亮红，就是一个将两种红色区别开的方法。

又或者，在描述中再增加一点细节，说明一种是血迹一样的暗红，另一种是红砖一样的暗红，也能很快地将这两种红色区别开。

西方有句谚语：魔鬼在细节中。一个人的能力大小也是通过细节来体现的。为了帮助那个只用了“写作公开课转化了更多的学员，转化率达到 78%”这样一句话来概括自身成就的来访者更好地评估自己的能力，我采取了以下几个步骤，并对他进行了一系列的提问。

1. 拆细

拆细，顾名思义就是把一件能用一句话概括的事细细拆解的过程。这个过程很像程序员修补程序漏洞的过程，在修补程序漏洞的时候，程序员会将一段程序分解成多句程序语言，通过仔细测试每句语言的运行情况，找出漏洞，解决问题。将成就故事拆细，就是将故事展开描述，描述得越详细具体，就越能将自己的能力良好地展示出来。这个过程类似于淘金，通过一遍又一遍淘洗，藏在沙子中的黄金才显露出来。

提问：

a. 背景——这件事发生的背景是什么？

答：我在一家面向中小学生的教育培训机构工作，为了扩大招生，这个机构特别开设了几个免费体验班，每个班的学生可以免费体验六节写作公开课，我是其中一个体验班的授课教师。

b. 目标——你为自己制订了什么目标？该目标的完成期限是？

答：我给自己定的目标是在六节公开课之后，能帮助机构招募 100 名以上的新生，使授课的转化率达到 50%。

c. 行为——为了完成目标，你具体做了什么？

答：每周上课前仔细备课，认真思考如何更好地讲解知识，如何与学生互动。

具体来说就是，上课前，我会记住班上每个学生的名字，第一次授课结束后，我会向家长详细了解学生的个人情况和家长的期待，并结合学生的课堂表现，制订有针对性的教学计划。课堂上，我会努力培养学生对课程的兴趣，课后，我会与家长保持密切的沟通，以确保学生的学习状态。

d. 结果——最终的结果是什么？

答：课程结束后，前台的工作人员向我反馈，有些家长一听完课就到前台排队报名了，我所负责的公开课体验班的转化率达到 78%，是几个班中最高的。

e. 能力——你觉得这件事展示了你的什么能力？

答：我认为这次授课展示了我的抗压能力、分析能力、教学能力和推销能力。

以上是一个比较简单的拆细过程。

其实我们还可以进一步细化。比如，进一步分析这个教育培训机构以前的公开课是怎么上的？这次公开课为什么选择开设六节？这六节公开课的内容是什么？你具体是怎么备课的？你是怎么与学生家长进行沟通的？为了记住班上每个同学的名字你用了什么窍门？为了讲好这几节公开课，你投入了多少时间？

将故事拆解得越细，就越能发现能够证明自己能力的地方。

2. 比较

我上大学时的哲学课老师介绍过一种常用的定义方法，叫作**“属加种差”**。**所谓 “属”**，就是确定某个概念属于哪一类；**所谓 “种差”**，就是确定这个概念与其他的概念的区别。比如：**矩形是有一个角是直角的平行四边形**。这个定义用“一个角是直角”把矩形跟其他的平行四边形做了区分。**人是能够制造和使用生产工具的动物**。这个定义用“制造和使用生产工具”把人跟其他动物做了区分。

由此可见，定义需要从比较中得来。因此，借助比较，也能更好地评估我们的能力。

在这里，我要向大家引入三个维度的比较：

a. 与他人比较

“假如换另一个同事来做这件事，会有哪些不一样？你觉得会在哪些方面比他做得好？如果你的老板看到你的做法，他会觉得你的优势在哪里？”

通过与他人的比较来分析和展示自己的能力和优势，是职场上十分重要且有效的一种证明自身价值的方式。因为，职场就是相互竞争的环境，只有证明自己在某个方面比别人强，才能在竞争中获胜，取得更大的收益。

b. 相似事件间的比较

“你在这件事上的做法与在其他与之相似的事件上的做法有什么不同？在这件事上你运用了哪些特别的知识和能力？为什么你在这件事上取得了成功，而在那些事上却没有？”

这种相似事件间的比较，其目的是帮助你在脑中构建成就故事的典型情境。通过比较自己对两个相似事件的处理过程，你会看到自己的心理状态和行为方式的不同，如此，你就能大致了解自己在什么情境下处理什么样的事件更为得心应手。

c. 不同阶段的比较

“如果将这件事交给半年前的你来处理，会有什么不同？”

通过跟过去的自己做比较，你会发现自己的成长，这会让你更有自信。这是一种帮助你更客观地评估自身能力的方式。

3. 应用

通过拆细和比较发现自身能力的目的是将这些能力加以运用。当你了解了自己的能力，你应当思考，自己可以将这些能力运用在哪些事情上，也就是去寻找能力应用的触发点。“触发”这个词可以对应英文的 trigger，而 trigger 还有一个释义是“扳机”。你可以想象自己是一把手枪，发射的子弹是你的能力和优势，要运用你的能力，你只需要找到那个扣动扳机的瞬间。

提问：

1. 你觉得，在这件事上你所使用的能力还能被用在什么事情上？

2. 这类事件中有没有一些共同的规律？它们一般会在什么背景下发生？

3. 用什么方法能让自己多做类似的事，取得更多的成功？

当你完成这三个步骤，你的成就故事就算挖掘得足够透彻了，相信你在这个过程中一定已经发现了自己的能力和优势。

二、请别人“描述”你

你眼中的自己，与别人眼中的你可能有着巨大的差别。同一个人在不同的人眼中，很可能也有着巨大的差别，**一个网络红人，在她的粉丝眼里，她可能是女神；在她自己眼里，她可能是化了妆的小美女或者卸了妆的小姑娘；而在她的妈妈眼里，她可能是一个让妈妈有些头疼的女儿。**

我曾经看过一个视频，讲的是一个画家根据语言描述为人画人像素描的事，这个画家会为每个人先后绘制两张素描，第一张素描是根据素描对象本人的描述绘制而成的，第二张是根据见过素描对象的人的描述绘制而成的，画家在两幅素描完成之前，不能与素描对象见面。视频的最后，通过将两张素描进行对比，人们惊奇地发现，根据他人描述绘制而成的画像要比根据本人的描述绘制而成的画像更接近素描对象的本来面貌。

我在前面一节提到，他人对我们的评价容易带有一定的夸张成分或者某种偏见。因为评价往往涉及好或坏、对或错、强大或弱小……这些带有价值判断倾向的字眼，很难做到客观。

而如果我们换一种方式，让他人描述，而不是评价我们，结果将大不相同。因为描述会塑造情境，**在情境中，会看到真实**。他人在描述的过程中必将谈及一些具体的事件和细节，而这些客观存在的事件和细节会帮助你更加客观地评判自己。

三、问自己一个问题

这种方法源于我给来访者做咨询的一次经历。那次来咨询的是一个娇小的女生，彼时，她已经做了三年的销售工作和一年的市场推广工作，正处于职业困惑期。在梳理完她的择业选项之后，她问了我一个问题："马老师，你觉得我到底有什么能力和优势啊？"

当时，我在心里嘀咕："我刚跟你聊了半个小时，你有什么能力和优势我怎么知道！"

但是如果我真的如此回应她，显然会打击她的积极性。于是我灵机一动，问她："假如你的上司说过段时间要提拔你，但是在这之前你得招一个刚从学校毕业的人，培养他，使他的工作能力达到你现在的程度。你觉得，你会招个什么样的人？你会教给他哪些工作技能？"

她很认真地想了想，说："我得招个亲和力强、对人很真诚的人，他最好还能懂点技术。"于是，我在纸上记下了：亲和力强、对人真诚、懂点技术。

"然后呢？你会教给他哪些工作技能，让他达到跟你一样的状态？" 我又问。

“做销售首先要懂产品，所以得先让他了解产品的相关知识。然后我会带他去见客户，教会他如何跟客户建立合作关系，了解客户的需求。此外，我还要教会他如何进行商务谈判、如何投标，最后，我还会教他如何了解竞争对手，如果他学完这些之后能在一年内谈成两笔订单就大功告成了。”她这样回答。

我接着在纸上记下：学习产品知识、学会跟客户建立合作关系、了解客户需求、学习商务谈判和投标、了解竞争对手。

“还有吗？”我接着问。

她想了想说：“得能熟练使用办公软件，会用办公软件向客户宣传产品，效果会更好。”

我又在纸上记下：熟练使用办公软件、宣讲产品。

当我再次问“还有吗”的时候，她回答说：“应该就是这些了。”

于是我把那张纸递给她，说：“喏，这些就是你的能力和优势。”

“你居然借我自己的口回答了我的问题。”她看着那张写满字的纸，略带惊讶地说。

“是啊，你自己说的话，你才更加相信啊！”我笑着回答。

到这里，我想你们应该已经知道所谓的伯乐之问是什么了吧？没错！就是刚才的那“神之一问”：“假如你的上司说过段时间要提拔你，但是在这之前你得招一个刚从学校毕业的人，培养他，使他的工作能力达到你现在的程度。你觉得，你会招个什么样的人？你会教给他哪些工作技能？”

之所以称它为“伯乐之问”，是因为当我们问自己这个问题时，我们就赋予了自己一个伯乐的角色，这时，我们会试着用一个伯乐的眼光去看待自己。这是一个更加客观的视角，它会帮助我们找到自己的能力和优势。

3.4 新木桶原理，用系统优化你的能力

关于能力的管理，你一定听到过很多不同的观点，有人说，要弥补“短板”，这样才能在职场中站稳；也有人说，要发挥“长板”（优势），这样才能营造好个人形象。

下面，我就从几个不同的角度为你解读有关“木桶原理”的几种不同的看法。

解读 1：短板

2005 年公司的一次团队建设活动上，我听到某个部门经理说：“在工作中应当让团队里的每个人尽可能地发挥长处，这样才能使效益最大化。”而另一个部门的经理却认为：“木桶原理说决定木桶容积大小的是木桶最短的

那块板，所以，决定团队效益的也应该是团队里‘最短的那块板’。” 这个经理提到的是对木桶原理最经典的一种解读。按照这种解读，你需要关注你的“短板”“劣势”，并想办法弥补它，因为它们会限制你的职业发展。

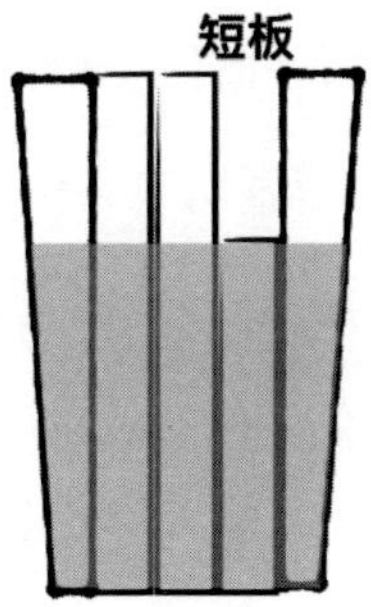

图 3-2

解读 2：长板

2010 年，我开始研究自我探索和职业生涯规划。在一次培训中，讲课的老师说：“短板原理（木桶原理）已经破产，现在的社会需要的是长板原理。”

在后来的课程中，这位老师详细地阐述了他的观点。他认为，现在的职场并不需要无所不能的人，因为财务工作可以交由会计师事务所承担，公关工作可以交由公关公司承担，每个职场人只需要把自己所负责的工作做到最好就行了。

假设你在玩一款游戏，有两名武将供你选择，他们的武力、智力、统御力、政治力、魅力五项能力的总分都是 300 分，在各项能力上，武将 A 的分值配比是这样的：**武力 60 分、智力 60 分、统御力 60 分、政治力 60 分、魅力 60 分，**

武将 B 的分值配比是这样的：**武力 75 分、智力 60 分、统御力 95 分、政治力 20 分、魅力 50 分，**你会选择他们中的哪一个呢？

我相信，大部分人会选武将 B，因为他统御力高，可以率兵打仗，而武将 A，各项能力都很平均，没有过人之处，也就没有明显的竞争优势。

职场中的选拔与竞争也遵循着同样的规律。企业在招聘的时候，看重的是应聘者身上的“长板”，是应聘者所具备的优势技能赋予他价值，为他吸引企业的目光，获得职业发展的机会。事实上，历史上的很多名人都有明显的“短板”，但是这并不妨碍他们凭借自己的“长板”获得成功。

这里所说的“长板原理”，其实是对“短板原理”（也称“木桶原理”）的另一种解读。因为木桶的摆放方式也会影响它的储水状态。当木桶水平放置时，决定其容积大小的是短板，这一点丝毫不假，但是如果将木桶倾斜，决定其容积大小的就是长板了。

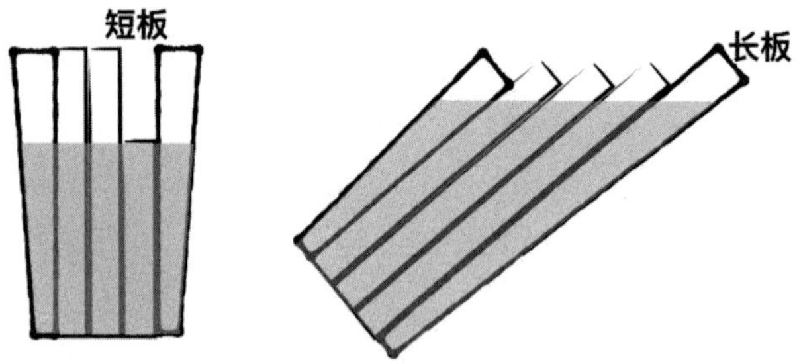

图 3-3

解读 3：桶底

在一次讨论会上，我提到了解读 2 里说的“长板原理”，有一个管理者以他们公司的员工小 F 为例，对这个原理表示了异议。在他的描述里，小 F 是一个头脑灵活、有创新思维的年轻人，常常提出许多好想法、好创意，但是这个年轻人有一个致命的缺点，他总是无法保质保量完成自己交给他的任务。即便他交给小 F 的是一些有利于小 F 发挥优势的任务，比如将之前在会上提到的想法写成一个书面的方案，小 F 交来的方案也总是写得很没章法，结构混乱，根本无法执行。一年以后，他就辞退了小 F。小 F 的表现让这位管理者意识到，在职场上，一些基本的能力达标之后才能发挥优势。否则，即便有优势，也发挥不出来。

将这个观点放到木桶理论里来看，那么这些所谓的“必须达标的能力”，就相当于木桶的桶底。如果木桶的桶底是漏的，那么无论如何摆放它，它都存不住水。

后来我的一个咨询案例，让我更加坚信这个观点。

那个来咨询的朋友叫小 T，那时他已经做过两份工作，第一份他仅仅做了 6 个月就离职了，第二份他在刚过试用期的时候就办理了离职手续。关于离职的原因，小 T 的回答是上司和同事都跟他作对、排挤他，比如把他们不愿意干的、琐碎的工作都交给他。为了证明自己的观点，小 T 还特地举了一个事例。某个周六，在客户公司谈合作的上司让小 T 替自己去公司取一份文件，小 T 认为，上司明明可以自己开车回公司取文件，那样既方便又快捷，而让他在非工作日搭乘公交车往返在两个公司之间递送文件的要求，显然是对他的有意刁难。

小 T 说他之所以找我咨询，是希望我能帮助他探索在职业发展上的能力和优势。作为咨询师，听完小 T 的陈述我马上意识到，有一项职场上的基本能力是他明显缺乏的，那就是“关系站位”——他不懂得站在他的上司和同事的角度去看问题。由此，他总是认为，上司和同事是在有意使唤他，把自己不爱做的都丢给他做。在这种情况下，即便他真的具备某些优势，也不会有发挥这些优势的机会。

通过这个案例，我对木桶理论的解读又发生了变化：一个木桶的容积大小，是由桶底的情况（漏不漏水）和长短板的组合情况综合决定的。（如图3-4）

上文中我已经说了，那个桶底代表了每个职场人必须达标的基础能力，下面，我将这些能力分条列出，供大家对照参考。

表 3-1

编号	基础能力名称	说明
1	叙述表达	能够用清晰的语言和文字陈述事件、表达观点。
2	关系站位	了解自己在职场上的位置，清楚地知道自己跟上司、同事的关系和自己的工作职责。
3	情绪管理	能够接纳并管理自己的情绪，不让坏情绪影响工作。
4	确定目标	明确自己的工作目标和任务。
5	制订计划	能够根据工作目标和任务，制订相应的工作计划。
6	基础执行	能够遵照计划完成各项工作任务。
7	结构思维	能够用结构化的思维，将相对复杂的工作任务切分成相对简单的小任务。
8	情境适应	了解自己所处的情境，并能迅速调整自己，适应情境。

上边提到的小 F，虽然有很多创新性的想法，但是因为缺乏制订计划、基础执行和情境适应的能力，他无法将这些想法变成现实。

而小 T，他则缺乏关系站位和基础执行能力，所以即使他拥有一些优势，也难有发挥的舞台。

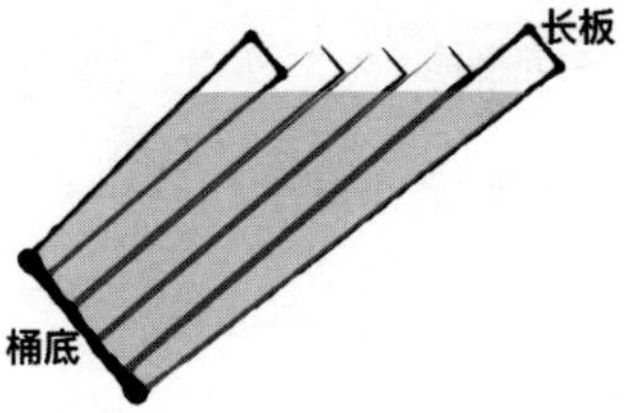

图 3-4

解读 4：倾斜

同一只水桶在不同的倾斜角度下所能盛放的水量是不同的。如图 3-5，将木桶向它最长的木板的方向倾斜，使水的边缘尽可能接近这块木板，且保证水不洒出，则能盛最多的水。

这个原理给我们的职业发展带来的启示是什么呢？木桶，代表你自己；长板，代表你的优势能力；而水，则代表组织对某项能力的要求。在不洒出水的前提下，尽可能地将木桶向长板的方向倾斜，意味着你要在职场中找到你的主场。换句话说就是，找到一个你的优势能力刚好能够满足其需求的组织。

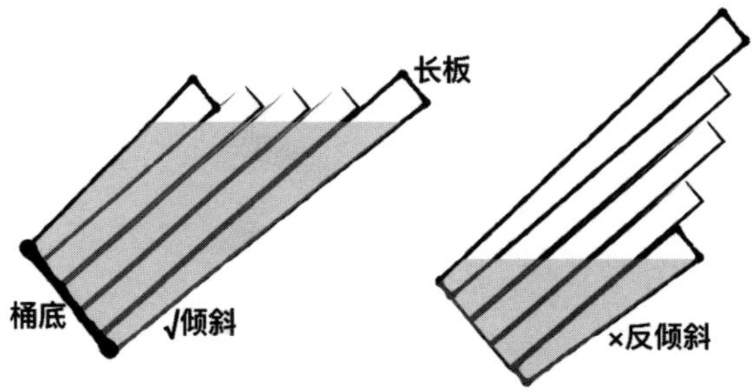

图 3-5

我的一个来访者 M，刚刚通过家里的关系，进入一家金融公司做市场分析员，不料才工作不到一个月他就陷入了迷茫。M 说自己并不喜欢这份工作，同事之间淡漠的相处氛围也让他感到很不自在，可是他又不能立马辞职，这个情况让他实在不知该如何是好。

咨询的最后，针对 M 的问题，我问他：“你们部门有没有需要比较多地涉及人际沟通的工作？”

他想了想，说：“倒是有一些，比如大客户维护、大客户服务这一类的工作。”

我接着说：“那很好，你可以问问你的上司，可不可以将这类工作分派一些给你，哪怕先做些助理类的工作也好。一般来说，做领导的欢迎下属来向他要任务，所以你的上司多半会满足你的愿望，这样，你就会慢慢地找到你的主场，有了发挥自己的优势能力的舞台。”

我之所以给出这样的解决方案，是因为在给 M 做咨询的过程中，我发现他有很强的社交能力、很强的目标感和一个生意人的头脑。他陷入迷茫的原因在于没有找到能够充分发挥他的这些优势的舞台，只要能进入他的主场，他的问题也将迎刃而解。

解读 5：系统

说起领导力，我们都知道它是一种很重要的能力。领导力到底是一种什么样的能力呢？这个概念似乎很难解释清楚。著名的领导理论大师沃伦·班尼斯说：“领导力就像美，它难以定义，但当你看到时，你就知道。”

我们再说一个概念：情商。我问过很多担任人力资源总监的朋友，一个人需要具备什么能力才能称得上是好的人力资源经理。他们大多给出了一致的答案——“高情商”。但是，对于怎样做才算“高情商”，他们却无法给出清晰的定义，高情商就是善于理解他人吗？就是能说会道吗？就是善于控制自己的情绪吗？是，又不全是。我们唯一确定的是，当一个人能够胜任人力资源经理的职位时，我们可以说他是一个拥有高情商的人。

实际上，通过观察我们会发现，领导力和情商都不是某种单一的能力，它们是由多种能力组合而成的系统。单是领导力就包含**换位感知、人际沟通、说服谈判、引导激励、公开表达、自我觉察、目标管理等多种能力**。如果你想把领导力作为自己的长板，那么你需要同时具备上边提到的这些能力，尽可能做到一专、多能。

我认识的一个坐到总监职位的女士，她就是具备领导力的一个典型。通过跟她聊天，我发现她具备很强的“换位感知”和“人际沟通”能力，聊天的过程中她很善于观察，说话时的语气、语调和用词都恰如其分。同时，她还具备不错的“引导激励”和“自我觉察”能力，懂得在聊天中向我提出一些具有引导性的问题。而她的“公开表达”“目标管理”能力则处于刚刚达标的程度，因为她说她不太善于演讲，也很不愿意催促和推动他人完成工作，不过以目前的这个程度已经足够她领导好一个团队。

再次回到木桶原理，我认为要想让木桶的储水量达到最大，需要做到以下三点：

首先，要有一个坚固的桶底——你的一些基础能力必须达标。

其次，要有尽可能多的长板——你要具备一定的优势能力。

再次，要将长板和短板搭配组合，并用桶箍箍住，使之成为一个木桶——你需要具备一个能力集合（系统），尽可能做到一专、多能。

最后，要找到合适的倾斜角度，在不洒出水的前提下，尽可能地将木桶向长板的方向倾斜——在职场中你需要找到能够让你充分发挥自己的优势能力的“主场”。

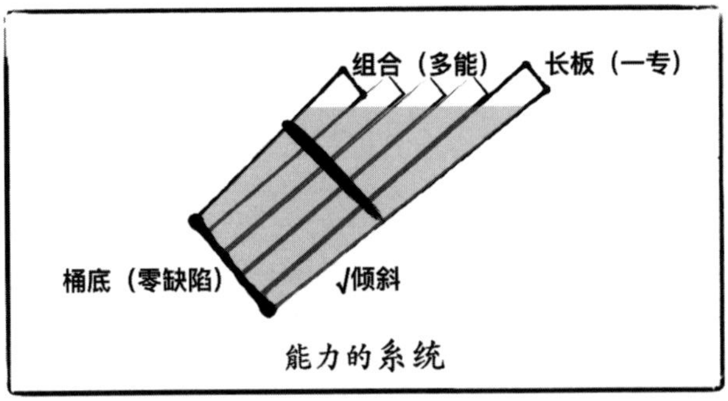

图 3-6

我不是一个合格的球迷，我只会在举行世界杯或 NBA 总决赛时看看足球或篮球比赛。有一次，我跟一个球迷朋友一起看世界杯，他给我简单介绍了一下各国足球队的比赛风格和特点。听了他的介绍，我意识到球队也是一个系统， 每支球队都有守门员、后卫、中场、前锋，比赛时都会需要守门、防守、盘带、控球、进攻、射门，但是各球队的球员比赛时的配合情况是不同的，有的球队踢前锋的球员水平较高，有的球队负责防守的球员实力强劲，这些差异和特点造就了各球队不同的比赛风格。

如果用木桶原理来分析，一支球队要想获得比赛的胜利，就需要把握如下几个要点：

1. 不存在特别明显的短板——球员们的基本能力要达标。

2. 在某一个或几个环节占据优势——在盘带、防守或者传接球等一个到多个环节达到较高的水平。

3.球员们配合默契——合理的配合使每个球员的优势能力得到充分发挥，整支球队成为一个运行良好的系统。

4.找到自己的主场——在主场比赛能够增强球员的信心，促进球员建立积极的比赛状态。

4. 支持系统

资源和能力迭代升级，加速变现

或现或隐、或明或暗的资源组成了我们职业转型的支持系统，这个支持系统是我们进行职业转型的基石。盘点好自己的支持系统，并有效利用和转换，将有助于我们快速实现迭代升级。

4.1 你在职业转型道路上的瓶颈是什么

曾经，我遇到过一个让我大跌眼镜的咨询案例。

那是一个在国内某个一线城市的一家国企做行政工作的女生，这份月薪四千多元的行政工作，她做了七年，终于，她开始对这份工作感到厌倦，于是找我咨询职业转型的相关事宜。

看过她的履历之后，我问了她两个问题：

1. 你做现在这份工作压力大吗？平时工作忙吗？周末需要加班吗？

2. 你每月需要还购房贷款吗？需要的话，每月要还多少呢？

对于第一个问题，她的回答是，这份行政工作是通过父母的关系找到的，大多数时间都很闲，周末也不需要加班。

对于第二个问题，她说自己并没有买房，她的父母那里有三套房，她的丈夫也在很早的时候购入了三套房，所以只需要还少量的房贷。

听到回答的我看到了事情的转机，低落的心情瞬间一扫而空。我甚至跟她开起了玩笑：“你来找我咨询，不会是逗我玩儿的吧？”

在对这位来访者的兴趣爱好、行为倾向等做了基本考查之后，我建议她多去参加一些课程，充分利用空闲的时间提升技能，完善自我。我之所以提出这样的建议，主要是基于这位来访者对于两个问题的回答所传达的两个信息——第一，她时间充裕；第二，她经济状况良好。简而言之，她既有“闲”，又有“钱”。她现在的问题是缺乏转行所需的工作技能，那么对于她而言，用时间和金钱这两种资源去换取技能的提升是十分可行的。当她的技能得到提升，职业转型自然不成问题。

在职场中，资源的开发和利用是十分重要的。

很多人都知道，比尔・盖茨在创业初期就拿到 IBM 的订单的一个很重要的原因是他的母亲是 IBM 的一位董事。

我的一个朋友，从一所不知名的大学毕业后，学习了一些软件开发的知识，应聘到一家大企业做工程师。短短五年间，他先是由工程师晋升为项目经理，然后又晋升为部门经理，他的成功固然离不开他认真负责的工作态度，但是作为他的朋友，我知道除此之外还有一个很重要的原因是他拥有一份很不错的人脉资源。他初入公司时就了解到，公司里一位副总级的领导是他的老乡，他敏感地抓住这层关系，与这位领导结下了很深的情谊，之后的日子里，他跟随这位领导学到了很多东西，得到了许多发展机会。

比尔・盖茨和我的那位朋友可谓充分利用人脉资源的典范。现在有很多人利用周末读工商管理硕士（MBA），以谋求职业转型。读工商管理硕士的学费大多在三十万元左右，这是一种用金钱资源和时间资源提升技能、拓展人脉的典型做法。

很多时候，我们在职业转型道路上的瓶颈就是资源的匮乏。

曾经，有一位 35 岁的女士来找我做咨询，她告诉我，她从 25 岁研究生毕业那年起，就一直在一家从事能源开发的研究所做工程师，这十来年，她的收入几乎没有任何大的提高。这份工作没有带给她足够的成就感，她很想转行到互联网、金融、传媒、旅游等热门行业。听了她的诉求，我先请她打开手机，翻开通信录，然后问了她一个问题："请你告诉我，你的通信录里，除了你的亲戚、同学和同事，还有多少与你不在同一个行业的人？"

她数了数，有十来个人。我又问她是否能请这十来个人引荐她进入他们所在的行业，她摇了摇头说，那些人要么是做微商的，要么是孩子的老师。于是我只能遗憾地告诉她，她要想马上转型，很难。原因很简单，那就是她缺乏职业转型所需的人脉资源。

还有一个 28 岁的程序员也来找我做咨询，当时他已经做了五年软件开发工作，可是他并不喜欢写代码，之所以选择这份工作是为了赚钱，后来他在软件开发过程中遇到瓶颈，加上原本就不喜欢这份工作，所以想转去做产品经理。以他的情况，要去做产品经理并不难，他只需要学习一些专业的知识和技能，再花点时间做一个产品模型，带着这个模型去应聘，一定能有所收获。可是听完我的建议后，他皱了皱眉说："我现在每周需要工作六天，每天上下班的车程是两小时，来回则需要花上四个小时，每晚回到家时已经十点多了，根本就没有时间做什么产品模型。" 这种情况属于时间资源的缺乏，没有充足的时间，他很难实现职业转型。

以上我们谈的都是一些显性的资源，其实还有一些人们不易察觉的隐性资源，也是决定我们的职业转型能否成功的重要因素。

我认识的一位 32 岁的女士，已经在一家事业单位工作了五年，但是她认为这份工作缺乏发展潜力，收入也不高，所以她很想跳槽。这时，恰好她的上司跳槽去了某家企业，上司提出愿意将她引荐给那家公司，可是她却拒绝了上司的好意。对于她的这个举动，我感到很困惑，详谈中她委婉地透露了原因，原来是她的丈夫不同意她跳槽，她的丈夫希望她能安安稳稳待在事业单位，工作之余把时间和精力放在经营家庭上。

在这个事例中，阻碍这位女士转型的是亲密关系。来自亲密关系的支持就是一种隐性资源，这种精神层面的支持会对我们的职业转型产生很大的影响。

这些或现或隐、或明或暗的资源组成了我们职业转型的支持系统，这个支持系统是我们进行职业转型的基石。当我们准备转型时，首先要做的就是对自己的资源做一个盘点，看看自己转型的基石是否足够牢固。

4.2 你的资源经得起盘点吗

我们可以把一个人所拥有的资源分为显性资源和隐性资源两类。

显性资源，顾名思义，是指那些**存在感较强，受到人们的广泛认同的资源。**这类资源能给你带来显而易见的益处。

相较于显性资源，**隐性资源**则是指**存在感相对较弱，人们不易察觉的资源。**这类资源与水和空气类似，只有在严重匮乏或者即将失去它的时候，你才会意识到它的重要性。

显性资源主要有三类。

1. 财产资源

财产资源是指可以直接兑换成钱的资源。

财产资源又可以再分为：存量财产和增量财产。

存量财产是当前你已经拥有的财产，比如房产、股票、车辆、奢侈品、黄金等。

增量财产是需要你前期投入，经过一段时间的酝酿才能得到的财产，它具有一定的时间性和阶段性。你通过工作挣得的收入、通过投资赚得的收益，都属于增量财产。

财产资源 = 存量财产 + 增量财产 × 时间周期（2 年）

要想了解自己有多少可供自由支配的财产资源，你需要将自己看作一家公司，对自己所拥有的存量财产和增量财产进行盘点。

下面，我将以 28 岁的某广告公司初级经理小林为例，做一次盘点财产资源的演示。

表 4-1 个人资产及负债

资产项目	金额	负债项目	金额
定期存款	180000	房贷	0
股票	50000		
基金	40000		
保险	100000		
房产（估值）	0		
存量财产	370000		

表 4-2　个人（家庭）收支状况（年度）

个人（家庭）收入项目	金额	个人（家庭）支出项目	金额
工资	150000	日常生活支出	60000
奖金	30000	房贷（房租）支出	36000
兼职收入	20000	养育子女支出	0
……		保险支出	6000
		进修支出	10000
		旅游支出	10000
		大型家电支出	10000
		人情往来支出	10000
年度结余（增量财产）	58000		

根据计算公式，小林的财产资源 = 存量财产 + 增量财产 ×2=486000 元。

对比同行业的平均水准，这样的财产状况属于行业内的中等水平。也就是说，一旦小林遭遇职业危机，他拥有足够多的财产资源应对职业转型期间可能存在的收入下降问题。

2. 人脉资源

人脉资源，是指能够跟你进行有效的交流和互动的人脉。举个例子，比如对于我而言，特朗普就不属于我的人脉资源，因为我无法与特朗普进行有效的交流和互动。

我们可以从客观上将人脉资源分为内部人脉和外部人脉两类。

简单地说，能够跟你进行有效的交流和互动，且与你在同一家公司就职，或者与你从事同一个行业的人属于你的**内部人脉**。能够跟你进行有效的交流和互动，但是并不就职于你所在的公司，或者所从事的行业与你所在的行业关联甚少的人属于你的**外部人脉**。

内部人脉广，意味着你在公司或行业内有很多可以产生业务关系、交换关系的人，工作起来如鱼得水，工作的舒适度高，你会有更多的自尊和自信。

真正能够成为你进行职业转型的助力的是**外部人脉**。外部人脉将在很大程度上影响你的视野、转行可能性和跨行业融合度的高低。

我们还可以把人脉资源分为强连接人脉和弱连接人脉。

强连接人脉，是指那些与你价值观相似，你对他的信任程度较高，彼此之间可以分享一些重要隐私的人。有时候，这种强连接人脉能帮助一个人在职业转型过程中取得戏剧性的突破。

弱连接人脉，是指那些跟你的强连接人脉相比，与你相交尚浅的人。不过，即使是这种弱连接人脉你也不能小看，有时候，它能够通过为你做职业引荐，介绍可靠的职业领路人，提供有效的行业信息等方式，让你在职业转型时拥有“更进一步”的可能。

下面，我介绍一个特别简单的盘点人脉资源的方法，具体的操作步骤如下：

第一步，查看你的微信通信录。

第二步，想一想，这个通信录里有多少人是可以马上和你在微信中进行有效对话的。最基本的衡量标准是，如果你给对方发送一条微信消息，对方马上知道你是谁，并给予回复。而与此同理，如果是对方给你发送消息，也能够马上知道对方是谁，且给予回复，就可以说你们是彼此的人脉资源。

第三步，将你的人脉资源做一次分类，分成内部人脉和外部人脉两类。

第四步，将你的人脉资源再做一次分类，划分出强连接人脉和弱连接人脉。

以上文提到的小林为例，通过以上四个步骤，我们可以得出小林个人的人脉评估表。

表 4-3　人脉评估表

编号	人脉类型	数量
1	人脉资源	480
A1	内部人脉	150
A2	外部人脉	330
B1	强连接人脉	30
B2	弱连接人脉	450

从这个表格我们可以看出，小林的外部人脉和弱连接人脉的数量都不少，这就意味着，即使他遭遇职业危机，也能相对快速地找到缓解危机的方法，实现转型。

3. 时间资源

时间资源，也就是你所拥有的每一天。

很多时候，你之所以会困惑、迷茫、焦虑，归根结底是因为你意识到自己的时间资源的有限性。

这类困惑常常会通过以下这些话题的形式表现出来：

（1）如果在 25 岁之前不做，日后就会后悔的 10 件事是什么？

（2）人活到 30 岁时，是应该追求稳定还是应该追求梦想？

（3）30 岁的女生，到底应该把主要精力放在哪儿？升职，还是生娃？

（4）35 岁面临公司裁员时，该如何选择自己的职业方向？

（5）40 岁面临中年危机时，要如何应对？

上边这些大家已经习以为常的话题，无不与时间资源的匮乏有关！

孔子在《论语》里说：“四十而不惑，五十而知天命。”在他所生活的时代，人的寿命大概只有 70 年，每个人所能够拥有的时间资源非常有限。

你不妨设想一下，如果人的平均寿命不是 80 岁，而是 300 岁，人们还会有在 25 岁时没有做就会后悔的事吗？还会在 30 岁时为追求稳定还是追求梦想而纠结吗？还会在 40 岁时遭遇所谓的中年危机吗？当然不会！

当然，我们都知道，上述情况只是一种假设，在短期之内，人类的寿命还无法延长到那个程度。为了缓解焦虑，摆脱困惑，我们开始有意识地进行时间资源的管理。

进行有效的时间管理的第一步是盘点你的时间资源。你需要问自己两个问题：

（1）我的时间都是怎么花掉的？

以一周为限，每天有 24 个小时，一周的时长就是 168 个小时，如果用于吃饭、睡觉等满足基本的生存需要的时间是68个小时，那么，剔除这68小时后，剩余的 100 个小时就是你在一周内所拥有的有效时间。把自己在这 100 个小时里所做的事情及做各项事件耗费的时长如实记录下来，你就会知道自己把时间都花在了哪里。

（2）我可以自由支配的时间有多少？

在 100 个小时的有效时间里，你会发现有一部分时间是自己无法自由支配的，它们可能被固定用于处理工作，也可能被固定用于经营家庭，把这些时间剔除后，剩下的才是能够让你灵活支配的时间。

下面，还是以广告公司初级经理小林为例，以一周为限，对他的时间资源做一次盘点。

小林所在的公司距离他的居住地比较近，他每周花在通勤上的时间大约是 5 个小时。广告公司的工作强度比较大，小林经常加班，所以他每周大约需要花 50 个小时用于处理工作，此外，他每周还需要固定拿出 8 个小时左右的时间陪伴家人，将上述三项耗费通通剔除，余下的 37 个小时才是可供小林自由支配的时间。

从表格中我们可以看到，在这余下的 37 个小时中，有 30 个小时被当作休闲时间，而只有 7 个小时用于学习和扩展人脉。由此可见，小林的时间资源并未得到高效地利用。有句话说，是工作之外的时间，造成了一个人与另一个人的根本差别。如果小林想提升自己，他就应该从可供自己自由支配的 37 个小时中，至少拿出 20 个小时用于学习和扩展人脉。

表 4-4　时间资源统计表（周）

编号	时间类型	数量
1	有效时间	100
1.1	工作时间	50
1.2	通勤时间	5
1.3	陪伴家人	8
	休闲时间	30
1.4	学习和扩展人脉	7

需要注意的一点是，以上对于财产资源、人脉资源和时间资源的盘点，只是对你所拥有的显性资源的梳理，在显性资源之外，你还有两项重要的隐性资源。

1. 健康资源

健康资源，是最重要的隐性资源。在现代社会，人们的关注点往往停留在财产资源、人脉资源等显性资源上，而忽略了健康资源这项至关重要的隐性资源。

我曾经接待过这样一些来访者，在交谈中我了解到，他们都拥有丰富的履历，这在职业转型上可谓拥有得天独厚的优势，只可惜，由于自身健康状况堪忧，对于工作强度较大的工作他们常常只能无奈放弃。在职场中，健康资源就像军队的粮草，粮草短缺，打仗时则处处受限。

因此，我们需要周期性地盘点自己的健康资源。

首先，每年做一次全身体检，检查身体的各项功能是否运行正常。其次，我们还可以给自己在饮食、运动、心态和睡眠这四个方面的表现打分，列在健康资源自评表里。

广告公司初级经理小林的健康资源自评表如下：

表 4-5 健康资源自评表（周）

编号	健康类型	满意度	说明
1	饮食	7	能保证一日三餐，对晚餐的重视程度较差
2	运动	5	运动量极小
3	睡眠	6	每周熬夜一至两次
4	心态	5	工作压力大，烦心事较多

2. 家庭关系资源

家庭关系是指基于婚姻、血缘或法律拟制而形成的一定范围的亲属之间的权利和义务关系。家庭关系依据主体的不同可以分为夫妻关系、亲子关系和其他家庭成员之间的关系。**家庭关系是对一个人的影响程度远远超过人脉的一种重要的隐性资源。**在我们面临人生的重大选择时，家庭关系常常会在其中起到关键性的作用。

我曾经收到一位咨询者的来信，信中说："我是一个三线城市某家事业单位的小科员，这份工作是父母托了关系找到的，但是工作内容枯燥乏味，我实在提不起兴趣，我很想去大城市。但是我把这个想法跟父母一说，他们都强烈反对，甚至威胁我说，如果我胆敢辞职就要和我断绝关系，请问我该怎么办？"

这就是一个典型的做职业选择时被亲子关系困住的案例。类似的情况还有很多，当你拥有良好的家庭关系资源，你的一些人生选择会得到他们的支持，反之，他们可能会成为你的一道重大阻碍，使你做选择时心力交瘁。

相对于前面几项资源的盘点方法，对于家庭关系资源的盘点要更为主观，你只需要问自己以下几个问题：

（1）在以 10 分为满分的打分机制下，假如 10 分代表无论你做什么选择（当然是合法的选择），对方都会支持你；0 分代表你在做选择时必须遵从对方的意愿，否则就要跟你断绝关系。从 1 分到 9 分按照对方对你的支持程度的加深依次递进，你与对方之间的关系可以打几分？

（2）在什么情况下，你的选择会得到对方的支持？在什么情况下，你的选择将遭到对方的反对？在什么情况下，对方会放弃表态？

（3）你的家庭成员最看重的价值是什么？他们当中，谁是最有话语权的人？

当你对上述包括显性资源和隐性资源在内的五项核心资源都盘点清楚，你就已经能很清楚地知道自己的资源状况，并以此为依据考虑转型的问题了。

4.3 如何让资源和能力快速迭代升级

美国的《新闻周刊》在2000年进行了一次评选，评出了最近一千年影响世界的40位智慧名人。其中，有三位中国人入选，一位是毛泽东，一位是成吉思汗，还有一位你可能想不到，是**左宗棠**。

左宗棠是中国晚清著名的政治家和军事家，他与曾国藩、李鸿章、张之洞并称"晚清中兴四大名臣"。说到左宗棠，就不得不提到他晚年收复新疆的事。

1867年，"中亚屠夫"阿古柏在清朝的回疆地区建立"洪福汗国"，1870年，阿古柏控制了整个南疆和北疆的部分地区。1875年，为避免版图分裂，清朝廷下诏授左宗棠以钦差大臣职务督办新疆军务，择机出塞平定新疆。

考虑到国库空虚，为了紧缩军费开支，左宗棠针对此次战役提出了"缓进速决"的作战策略。

所谓"缓进"，就是不急于进军，先着眼于治军；所谓"速决"，就是说此次作战须速战速决，尽早收兵。开战前，他用了一年半的时间筹措军饷、积草屯粮、整顿军队，全面提升军队的作战能力。为了筹措军费，左宗棠于1874年至1881年间先后向洋商借款1375万两，向华商借款846万两。为了打造一支战斗力极强的西征军，他还规定，凡是不愿出关西征的士兵，一律给资，遣送回籍，不加勉强。1876年，在左宗棠的带领下，这支精兵仅用了一年多的时间就收复了除伊犁以外的新疆领土。1881年，清朝廷与沙皇俄国订立《中俄伊犁条约》，收回了伊犁九城及特克斯河流域一带的领土。

只要稍加分析，我们就能知道，这次战役从筹备到结束，经历了几次“资源—能力”的转换。

首先，左宗棠在战前筹措军费，这些军费就是作战的资源。之后，他用这笔军费打造了一支战斗力极强的队伍。这支队伍凭借顽强的作战能力收复了疆土，为清朝廷收回了宝贵的国土资源。

实际上，我们每个人的职业生涯也是一个“资源—能力”的转换过程。

小时候，父母花钱和时间帮助我们上好的学校，跟随好的老师学习知识，经过长时间学习，我们个人能力得到大幅度提升，从而考上好的大学。这是将父母的金钱和时间资源，转变为自己的能力的过程。

进入好的大学之后，我们自然拥有了同学和校友这一重要的人脉资源，这是个人能力向人脉资源的转换。

等到我们大学或研究生毕业开始工作时，我们通过工作赚取金钱，这是个人能力向金钱资源的转换。

当我们有了金钱资源，我们可以花钱参加各种教育培训，这是金钱资源向个人能力的转换。

当我们的能力得到进一步提升，我们会认识更多的人，积累更多的人脉，这又是新一轮的个人能力向人脉资源的转换。

再然后，我们的人脉资源又会带给我们新的可能——也许是职业的转型，也许是新的投资机会——从而使我们的能力系统有了新的升级。

我们每个人的职业发展就是在这一轮又一轮“资源—能力”转换中迭代而成的。

当我们面临职业转型时，我们**首先应该用一个表格对我们的资源和能力进行评分**。在这个表格里，以 10 分为最高分，1 分为最低分，如果你给出的评分在 6 分以上（包括 6 分），则代表高资源或者高能力。

根据不同的得分情况，我们可以得到一个矩阵，**我将它命名为：“资源—能力”矩阵。**

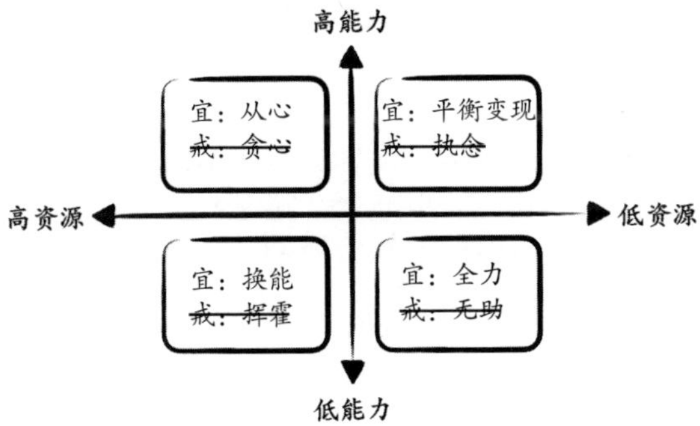

图 4-1

1. 高资源—高能力

如果你的情况属于矩阵中“高资源—高能力”象限，那就意味着你在职业转型过程中是游刃有余的，转型的道路相对顺畅。

对处于这个象限的人，我的职业规划建议是：**从心**。跟随内心的想法而行动。

我的一个朋友小嘉，三年前在某家媒体做编辑，后来在一次个人出国游之后，她将这次出游经历写成了一本书，非常畅销，卖出了几万本，为此她开始纠结是否要转型去旅游行业。我利用一顿午餐的时间为她做了一次咨询，经过评估，我了解到她在当下那个阶段吃穿不愁，没有房贷压力，尚未成婚，且没有催婚压力，通过书的出版和过去的编辑工作经验积攒下不少旅游领域的人脉资源，她的资源部分可以打 7~8 分，属于拥有高资源的类型。此外，她的写作能力很不错，精通摄影，且有一定的公关能力，所以能力部分可以打 8 分，属于拥有高能力的类型。因此，我建议她大胆跟随内心的想法，去做旅游行业。咨询结束后她又写了一本书，之后辞职创业，做了一家旅游行业相关的小型媒体，风生水起。小嘉就是拥有高资源、高能力的一个典型。

对于这种拥有高资源、高能力的人，有一忌：**忌“贪心”**。许多拥有高资源、高能力的人，在转型中“将一手好牌打烂”，究其原因往往是想要的太多。有一种酒杯叫“戒盈杯”，用这种杯子盛酒，酒一旦满杯，就会全数漏掉。拥有高资源、高能力的人不妨买一只这样的杯子提醒自己。

2. 高资源—低能力

“我在一家事业单位做行政，月收入 4000 元，上班时简直闲得发慌，回到家孩子有老人帮着带，我觉得自己简直一无是处。我想换个工作，获得成就感，实现自己的价值。”

从这段叙述我们可以很清楚地感受到，这位来访者就是典型的“高资源、低能力”的类型。这种类型的人往往业余时间充沛，家庭关系还不错，财务上也比较自由，资源方面的得分能有 7~8 分，但是在职场上一直碌碌无为，在“温水煮青蛙”中，他们的能力也逐渐退化了。

他们中的一部分人可能会贸然裸辞，辞职后会先休息几个月，然后开始海投简历，但是等待他们的往往不是什么好结果。因为能力和经验不足，他们的简历大多会被人力资源经理筛除，这时，他们的境地就变得更加尴尬了。

他们之中还有一部分人会选择继续混日子，因为拥有足够多的资源，生活无忧，所以他们即便碌碌无为却也只是偶尔地抱怨一下，并不会采取行动。

高资源而低能力，对于这种类型的人而言，职业转型的最佳做法就是：**用资源换能力，把资源花在提升能力上**。也就是说，利用自己所拥有的钱、时间和人脉来学习所要进入的新领域的知识和技能，在此期间，尽可能做出有一定水准的作品。

处于“高资源—低能力”象限的人群，也有一忌：**忌“挥霍”**。也就是说，时间资源充沛的人，不要把时间都花在休闲娱乐活动上；金钱资源充足的人，不要频繁地冲动消费；身体还很健康的人，不要经常熬夜……

3. 高能力—低资源

“我是一个北漂的高级程序员，做了5年JAVA开发，月入3万元，刚买房，月供小两万，房子在东南郊区，每天坐地铁上下班共需花费 4 个小时。工作强度是典型的 996（早 9 点上班，晚 9 点下班，每周工作 6 天），周末回到家，根本没有心情干别的。我烦透了这样的生活，但又不知该怎么改变。”

上段描述的是一个典型的“高能力—低资源”类型的人的生活场景。月入 3 万元，说明他拥有高能力，但是高强度的工作使他的时间资源紧缺，他没有时间和精力去学习新知、扩展人脉，这就增加了他进行职业转型的难度。

要改变这种状态，最好的办法是：**平衡变现。**

大多数时候，在不同的发展阶段，我们所拥有的各项资源的数量是不平衡的，所以我们应该学会根据自己的需要，将某些资源“变现”，用以弥补另一些资源的不足，以达到相对的平衡。上述例子中，导致这位来访者陷入困境的主要问题是金钱资源和时间资源的不平衡。这时，他需要对这两种资源做出取舍：少赚点钱，空出一些时间，或者用钱换时间。当意识到时间资源的重要性后，他做了如下调整：

第一，搬到公司附近居住，节省通勤的时间。

第二，加入一些产品开发相关的社群，通过向社群成员分享知识和经验，扩展人脉，谋求新的发展可能。

对于“高能力—低资源”类型的人而言，也有一忌：**忌“执念”**。这个类型的人，往往容易过分看重某项资源，进而限制了自身发展。

4. 低能力—低资源

也许你会认为，处于矩阵中**“低能力—低资源”**象限的人是无论如何都无法实现职业转型的，仿佛身陷绝境，但是大家不要忘了，还有一个成语叫作“绝处逢生”。

对于“低能力—低资源”类型的人而言，破局的办法只有一个，那就是**集中所有资源，打造核心能力。**只有具备核心能力，接下来才会有更多发展的可能。

我的一位来访者小方，大专毕业后先是在家乡的一家工厂里做了 5 年月薪 2000 元的质量检测工作，然后来到北京进入美发行业，从洗头工做起，一直干到后来的月入 5000 元。这时，他萌生了回到家乡的工厂工作的想法，心中犹豫不定，于是找我咨询。谈话间，我发现小方虽然不善于表达，但是在学手艺方面进展很快，所以我建议他先去美发学校进修，提升美发技能之后，到大城市里的高级发廊做美发师。这期间，小方需要在积累资金的同时了解美发行业的运作方式和发廊的经营方法，等他做到“创意总监”（高级美发师）的职位，月薪达到 8000 元时，他就完成了从“低能力—低资源”象限到“高能力—低资源”象限的进阶。

对于“低能力—低资源”类型的人同样有一忌：**忌“无助”**。

心理学有一个概念，叫“习得性无助”。“习得性无助”是美国心理学家塞利格曼 1967 年提出的，他用狗做了一项经典的实验。起初，他把狗关在笼子里，只要蜂鸣器一响，就给狗施以电击，狗因为被关在笼子里而无法躲避电击，经历多次电击后，某一次蜂音器响起，他在施行电击之前，把关狗的笼门打开，此时，狗不但没有逃跑，而且先于遭受电击倒地，呻吟并颤抖着。这种由重复的失败或惩罚造成的听任摆布的行为状态就是习得性无助。当一个人做事情常常碰壁时，他就容易陷入习得性无助，他会认为自己做什么都不行。“低能力—低资源”类型的人由于缺少能力和资源，行动受限，常常遭遇失败，较之其他类型的人，他们更加容易陷入习得性无助。因此，他们需要时常暗示自己：当下的境况是暂时的，事情会随着自己的改变产生转机。

正如诗人北岛在《回答》中写的：“新的转机和闪闪星斗，正在缀满没有遮拦的天空。那是五千年的象形文字，那是未来人们凝视的眼睛。”

4.4 如何让资源越换越值钱

想象一个场景，你由于临时的加班任务而忙到晚上九点才下班。在你加班的这几个小时中，你的女朋友一直在家等你，其间她可能还给你发了好几次微信。终于加完班的你原本可以像往常一样，花一个小时的时间乘地铁回家，但是想到已经在家等候多时的女朋友，你做了一个决定——今晚打车回家。晚上九点的街道上已经不堵车了，司机只花了二十分钟就把你送到了家门口，不过，打车比乘地铁要多花几十块钱。这时，**你用钱换到了时间。**

再来想象一个场景，有一个人通过体检得知自己患上了重度脂肪肝，医生建议他瘦身。于是，他到一家健身房，花了一万多块钱请了私人教练，开始了每周三次、每次 2 小时的健身训练。半年以后，他的体重减轻了 30 多斤。这时，他**用钱和时间换到了健康。**

再举一个例子，很多人都玩过手游，有一类手游的游戏规则是，你可以借助游戏里给的钱、粮食、铁矿、石油等资源来建设你的小镇，然后你通过生产活动得到新的钱、粮食等资源，接着，你用这些资源升级你的小镇，如此迭代升级，逐步建立你的游戏王国。这个游戏过程其实也是资源的交换过程，在游戏里，你用钱、粮食等资源换到了进行生产活动的能力。此外，这类手游的设计者利用玩家不愿耐心等待生产活动产出资源的心理，在游戏中设置了一种可以使生产活动加速的“钻石”，这样不愿耗时等待的玩家就可以通过花人民币购买“钻石”来实现加速。**这是用钱换到了时间。**

实际上，在我们的日常生活中，资源交换更加常见。你辛勤工作，是用时间换到了钱；你找我做咨询，是用钱换到了资源……

值得一提的是，如果你不懂得一些基本的资源交换法则，你的资源很可能会在交换的过程中贬值，甚至枯竭。在大学里，有不少同学醉心于通过社团活动积攒人脉，可是当他们毕业后求职的时候，却发现这些人脉的作用并没有他们想象的那么大。这种资源的交换就是贬值的。其实，在人生的不同阶段，我们所拥有的资源的重要性是不同的，只有对资源的重要性有一个清醒的认识，才能做好资源交换。

以下，是我根据我所做的几百个咨询案例总结出来的四个资源交换的基本法则：

1. 开始工作的前几五年，金钱资源是最重要的资源

在知乎上，曾经有人问过这样一个问题：“年轻时一味追求高收入是否有利？”对于这个问题，我的回答是，对于大多数人来说，开始工作的前五年，

以追求金钱资源为主要目标是比较理性的选择。

我之所以这样说，原因很简单，因为钱会贬值。我们都知道，五年前的一元钱跟现在的一元钱相比，虽然面值一样，但在实际购买力上，五年前的一元钱要大于现在的一元钱。也就是说，你越早获得金钱资源，你就拥有越高的购买力。

对于上面那道知乎上的问题，还有两种主流的答案，在这里，我想谈一谈我对这两种答案的看法。

答案（1）：在职业发展初期，应该以提升能力为核心，而不应该把精力放在怎样才能赚更多的钱上。

我认为，这个观点存在一个错误，那就是把提升能力和赚钱对立起来。**事实上你赚的钱更多，正说明你的能力更强。**因为公司不是慈善机构，在一定程度上来说，你所获得的收入是与你的能力相匹配的。

答案(2):在职业发展初期，不要太看重赚钱的多少，而要看有没有发展。

其实，只要你进一步追问，就会发现这个观点中所存在的问题。

什么叫“有发展”？“有发展”指的也是钱，只不过它指的不是“现钱”，而是“期钱”，是“两三年甚至更久之后所能得到的钱”。由此可见，发展跟赚钱并不对立。

2. 30岁时，人脉资源很重要

当你准备在进入职场八年之后跳槽或转行，采取什么方式求职最为稳妥、高效呢？到招聘网站投递简历显然不是最好的方式，这个时候，如果能够有相熟的朋友帮忙进行内部推荐，我相信，你的胜算要比单纯地投递简历大得多。这就体现了人脉资源的重要性。

也许你要问，为什么到了 30 岁，人脉资源的重要性才会凸显？那是因为人脉资源是通过交换其他的资源获得的。对于大多数不到 30 岁的职场人而言，他们所拥有的资源还太少，只有经过一定时间的积累，他们才能有足够多的资源去交换。所以，当你 30 岁时，一定要更加注意对人脉的扩展。

3. 35 岁时，时间资源和健康资源的重要性开始凸显

关于金钱与幸福感，有研究表明，两者之间并不是永远成正比的关系。金钱只能在一定的范围内带给人幸福感，当金钱的数量增加到一定的程度，幸福感便不再随之增加。换句话说，当金钱资源积累到一定的程度，其他资源的重要性就开始凸显。

35 岁时，许多职场人的健康状况堪忧，有句话说：“年轻时拿肝换钱，老了拿钱换肝。”这句话不无道理。年轻时，人们用健康和时间换金钱，年岁渐长之后，就得用金钱去换健康和时间了。于是，35 岁时，越来越多的人选择打车出行，而非乘坐公交车出行；越来越多的人雇小时工打扫房间，而不再亲自料理家务；越来越多的人花钱请私人教练协助自己健身；越来越多的人花大价钱给自己做全身体检……

4. 成家后，家庭关系资源很重要

我曾经在网上看到一些已经为人父母的网友吐槽自己陪孩子写作业的经历：

“老娘我做错了什么，要陪孩子写作业！”

“一写作业就尿尿、拉屎、喝水、肚子不舒服，腿让蚊子咬了……各种事情，让我分分钟就想揍他！”

“我家孩子上二年级，每晚她爸爸给她检查作业，两人都要吵一架。先是父女二人你好我好，过了一会儿，一个咆哮，一个哭；接着，一个说‘不管你了’，另一个说‘不管就不管’，每晚如此。”

“找到组织了！感动！每次陪孩子做作业，整个小区都回荡着我的咆哮声！”

吐槽归吐槽，这些做父母的，还是选择继续陪孩子写作业。他们为什么要做这样的选择？因为他们知道亲子关系很重要。

当一个人成家之后，夫妻关系、亲子关系等一系列的家庭关系的重要性就逐渐凸显，过去只考虑自己的需求，现在则需要综合考虑整个家庭的需求。

这种转变在中国并不鲜见。我曾经接触过一些投资人，他们告诉我，在考虑是否对某个团队进行投资时，一定要了解团队创始人的家庭情况，因为来自家庭的支持是一种极大的隐性助力。为此，有的投资人甚至会专程邀请创始人及其家人共进晚餐，以此观察对方的家庭关系是否和谐。

5. 多维选择

如何做决定，才能掌控自己的人生

如何做出最好的选择？做选择时是应该使用理性的方法，还是应该挖掘内心深处的潜意识？取舍？等待？掌握最有效的方法，避免纠结。

5.1 帮你做决定的公式

什么样的工作是好工作?

关于这个问题，有一个大家耳熟能详的调侃式回答是这样的："钱多事少离家近，位高权重责任轻。"

但实际上，那些真正喜欢自己的工作的人，并不会希望得到这样的工作。料理界的大师享受亲手做料理的过程，痴迷于编程的程序员享受自己编写代码的过程。

真实的好工作并不是这样的。

那么，能够做自己喜欢做的事就是好工作吗?

曾经有一位来访者对我说："我很想让我喜欢的事成为我的工作。"我知道他很喜欢看电影，于是我打趣他："那你就去拍电影好了。"他翻了一个白眼，说："您别这么直接好吗？"

还有一位来访者向我咨询："我喜欢画画，而且画得还不错，你说我能做绘本画家吗？"我问他："你了解过绘本画家这个职业的收入情况吗？如果市场上5%的绘本画家占据了整个行业90%的收益，而其余95%的人都在争夺那剩余的10%，你还愿意去做吗？"他犹豫了很久，最后决定把画画当作业余爱好。到底什么样的工作才是好工作？我认为，**好工作＝高胜任力 × 高意愿度 × 高商业价值。**

1. 胜任力

胜任力是指你能够胜任这份工作、满足这份工作的要求的程度。

一个善于沟通的人，或许能够胜任销售的工作，却未必见得能够做一名设计师；一个擅长写代码的人，或许能够胜任程序员的工作，却未必见得能做一名好的保险顾问。

大多数人对于不同工作的胜任力是不一样的。

要想评估自己对某项工作的胜任力需要做两件事：**首先，了解这项工作的工作要求。其次，看看自己的能力能在多大程度上满足这些要求。**

2. 意愿度

意愿度主要指的是你对这份工作的投入程度，这种投入是一种享受工作的过程的状态。

一名意愿度高的老师，一定享受给学生传授知识的过程。一名意愿度高的设计师，一定享受将想法用色彩和图案等呈现出来的过程。

换句话说，你越能在一份工作中找到全情投入的感觉，那就意味着你对这份工作的意愿度越高。

拿涵盖**了解客户和产品、邀约客户、建立关系、业务谈判、跟踪服务**等的销售工作来说，如果一名销售人员很享受销售工作的某一项或者几项工作任务，那么，在从事销售工作的过程中，他接到此类任务的次数越多，他对销售工作的意愿度越高。

3. 商业价值

商业价值是什么？如果简单用是否能赚很多钱来衡量商业价值的多寡，似乎不够完备。要知道，做一名绘本画家可以赚很多的钱，但是绘本画家的商业价值明显低于广告设计师、程序员和新媒体运营者。

在这里，我要给出一条衡量标准，**一项工作的商业价值的高低，通过从事该项工作的人群中高收入者的数量来体现。**

如果说一份工作的商业价值高，那就意味着，**在从事该项工作的人群中高收入者比较多。**

由此，我们可以对不同的工作的商业价值有一个直观的判断。

比如，建筑工人的商业价值较低，程序员的商业价值较高，小说写手的商业价值不如新媒体内容运营者和广告文案策划者的商业价值高，行政人员的商业价值不如人事专员高。

好工作 = 高胜任力 × 高意愿度 × 高商业价值，根据这个公式我们可以知道，一份好工作是三个要素的组合。那么这三个要素之间有什么关系呢？在我看来，胜任力是基础要素，意愿度是增值要素，而商业价值则是环境要素。

一项工作缺少三个要素中的某一个，会是什么样？

1. 缺少胜任力

我的一个朋友，特别想做管理咨询顾问，他是一个很有想法的人，且拥有为人出谋划策的热情，这种特质早在他上大学的时候就已经显露无遗。但是他并没有系统地学习过企业管理的相关知识，也没有经历过系统的分析咨询实践，他对管理咨询工作的胜任力不够。以他目前的实力，他很难马上成为一名管理咨询顾问。

如果他坚持要做管理咨询工作，就应该学着管理咨询顾问的样子去写一份管理咨询分析报告。在写这份报告的过程中，学习管理咨询的相关知识，积累分析咨询经验，提升胜任力。

2. 缺少意愿度

如果一名程序员，写程序代码的能力中等，收入不错，但实际上更喜欢跟人打交道，并不喜欢写程序代码这种成天与电脑打交道的工作，那么他对工作的意愿度显然是不够高的。

这名程序员选择继续做这份工作可能主要是为了赚钱谋生，那么对于他而言，就应该用赚来的钱提升自己，培养爱好，以便日后从事意愿度高的工作，或者调整自己的意愿度，尝试从工作中发现一些乐趣。

3. 缺少商业价值

有一位在国企做行政专员的女生，由于热爱公益，经常参加公益活动，对于做公益，很多人的态度和这名女生一样，都是把它当作一种爱好，专职做这类工作的人并不多，只有对公益事业有极大的热情的人，才有可能选择以做公益为职业。

我们该如何运用这个公式选择职业呢？具体的操作步骤分为以下几步：

第一步，列出所有自己可能去做的职业。例如前面提到的那名程序员，他是我的一位咨询客户。他所列出的职业有：程序员、产品经理、设计师、程序员培训师、公务员、证券分析师、理财顾问、人力资源专员。

第二步，以10分为满分，对上一步所列的各项职业进行打分。自我评估自己在胜任力和意愿度两项上的分值，根据对各项职业的基本了解评估商业价值的分值。

第三步，排除胜任力过低的职业，将剩余的职业的三个分值相乘，算出总分。

第四步，按照总分从高到低的顺序列出排名前三位的职业： 程序员、产品经理和程序员培训师。

第五步，跟随内心，从上一步所列出的三个选项中任选一个。

5.2 用故事引出内心的想法

一提到做选择，大多数人思考的是如何做**理性的选择**，就连做职业选择也有上一节提到的“好工作 = 高胜任力 × 高意愿度 × 高商业价值”这个公式可供参考。但是，在实际操作中，完全理性地选择职业不太可能实现。

我们来看公式中“高意愿度”这个因素。首先，“意愿度”本身并不是一个稳定的因素，它可能会受到外界影响而发生变化。比方说，起初，你做文案工作的意愿度是八分，后来有一天，你偶然看到一篇文章，文章中提到文案工作的特点是“客户虐我千百遍，我待客户如初恋”。看到这里，你心里有些害怕，于是你做文案工作的意愿度瞬间从八分降至七分，如果你的意愿度时高时低，你该如何继续运用公式进行理性的职业选择呢？

因此，我认为，在选择职业这件事上，我们可以参考公式，理性地计算和谋划，但是也要倾听自己内心的想法。

那么，要怎样获悉自己内心的想法呢?

在这里，我教大家一个办法。曾经，我的一位在国企做互联网运营工作的来访者，他对在国企的工作有些厌倦，于是向几家互联网行业的民营企业投递了简历，他通过了其中一家的面试后，来向我咨询是否应该辞职去那家公司工作。

通过进一步交谈，我了解到，这位来访者所在的那家国企正在往互联网运营方向发力，他所负责的项目也已经得到公司的重视，而他通过了面试的那家创业不久的民营企业，在行业内的口碑很不错，当时已经完成B轮融资，如果他去那家公司工作，他的月收入将在原来的基础上增加10%。在这种情况下，我意识到公式的测算并不能帮助他做出最后的决定。

于是，我对他说："现在有两个选项摆在你的面前，无论你选择其中的哪一个，都将续写一个新的故事。以留在国企为选项A，去民营企业为选项B，你设想一下这两个选项三年后的走向，为这两个选项各构思一个'**最好的故事**'和一个'**最坏的故事**'。"

然后，我在纸上画了一个简单的表格：

表 5-1

选项	最好的故事	最坏的故事
A		
B		

这位来访者闭上眼睛想了很久，说："如果我选了选项A，最好的故事应该是这样的，我所负责的项目进展顺利，得到了部门领导的重视，然后我晋升了一级，开始带一个有三四个成员的小团队，收入也有了一定增加，每天过得很充实。"

我引导他继续构思："那时，你的生活会变成什么样？你每天的工作内容是什么？你对那样的生活感到满意吗？”我的语速变得很慢。

他点点头开始描述：“到那时候，我可能会接触很多媒体，除了管理本企业的官方微信公众号之外，还要跟广告公司谈合作，做方案策划，我可能会频繁地开会，会加班到很晚，然后打车回家，但是我每天都很渴望上班……”

我把他的描述写在了纸上。

关于选项 B，他的构思是这样的：“那时我已经晋升为运营部经理，对行业内的新闻有很敏锐的直觉，开始策划很多活动，负责一个微信公众号和几个其他形式的媒体，用户快速增长，我拥有了广阔的人脉网，收入提高了很多……”

接下来，他语气有些沉重，开始构思两个“最坏的故事”。

选择选项 A 三年后最坏的结果可能是：领导对他的工作不满意，公司对他所负责的项目采取冷处理，温水煮青蛙似的日子一天又一天地过去，他的能力没有明显地提升。他开始后悔，想着如果当初选择跳槽，没准会有所成就。

而选项 B 的“最坏的故事”是：初创业的公司工作强度很大，自己忙忙碌碌却也没有做出多大的成就，公司最终创业失败，日子很是煎熬。

听完他的四个故事，我问他：“这两个‘最好的故事’，你更喜欢哪一个呢？”

他盯着那张已经画着表格的纸看了一会儿，先是回答更喜欢选项 A，然后又改口说更喜欢选项 B，犹豫不决。

这时，我又问他：“那两个‘最坏的故事’，你觉得哪一个的结果你更能承受呢？”然后嘱咐他认真思考，一定要给出一个明确的答案。

一阵沉默之后，他告诉我，他的答案是选项 A。如此，关于到底要不要跳槽，他心中也已经有了答案。

为什么用这种讲故事的方法能够帮助这个来访者看清自己内心深处的想法呢？原因有二。

1. 做比较的方式更加合理

是该留在国企，还是去某家民营企业？很多人都曾为这个问题纠结。

此时，他们心里有两个小人，一个说："在国企待的时间长了，容易磨灭工作热情，能力提升得也慢，一点成就感也没有。"另一个小人说："你得了吧，你以为在民营企业的日子好过啊！高收入都是用加班换来的。"公说公有理，婆说婆有理，两个小人吵得不可开交，最终也没吵出个结果。

其实，这种争论之所以没有结果，是因为他们拿选项 A 的益处跟选项 B 的弊端做比较，这种比较方式，当然分不出高下。

而通过构思故事，将坏故事与坏故事比较，好故事跟好故事比较，才能做到**两害相较取其轻，两利相权取其重。**

2. 讲故事的方式，更能营造体验感

人们很多行为的动力，其实并不源于理性。抽烟的人都知道吸烟有害健康，但要让他们马上戒烟，恐怕比登天还难，直到某天去医院检查时发现身患重大疾病，他们可能才会遵医嘱乖乖戒烟。我平时老是忘记喝水，后来得了肾结石，发病时疼得我直打滚，从此我再也不会忘记喝水。由此可见，真实的体验更能推动我们做决定，讲故事正是通过营造体验感推动我们做出决定的。

5.3 什么情境，不做选择才最好

卡布奇诺上的拉花已经消散，咖啡厅里播放着欢快的歌曲，是美国歌手布鲁诺·马尔斯的*Marry You*。服务生已经来倒过三次水，一个小时过去了，坐在我对面的来访者小兰面对三个职业选择，依旧不知该何去何从。在前面近一个小时的沟通和交流过程中，我们一起分析了三个选项的利弊，并将它们写在了一张纸上。

现在，小兰呆呆地望着那张纸对我说："虽然我已经清楚地了解每个选择的利弊，也知道自己已经纠结了快两个月，再不做出选择就来不及了，但是我还是选不出来！"

我喝了一口水，淡淡地说："其实，你已经做出你的选择了。"

她抬起头，眼中略带惊奇："我做了选择？"

"是的，你已经做出选择了。你选择的选项是'不做选择'。"我这样回答。

她似有所悟。

我接着说："很多人以为，还在纠结就是没有做选择，他们没意识到，纠结本身就代表已经选择了‘不做选择’这个选项。其实，不做选择不是不可以，但是你要记得评估‘不做选择’这个选项的利弊，看看如果自己不做选择，还可以做点什么。"说完，我在那张纸上又增加了一个选项，叫"不做选择"。

不知道你是否在买冰棍的时候遇到过这样一种情况：面前有两种口味的冰棍，苹果的和巧克力的，你手里的钱只够买其中一支，于是你开始纠结，迟迟不能做决定，在那一刻，你选择的就是不做决定。

你是否在做选择题的时候遇到过这样一种情况：这道题你不会做，面前的四个选项，你根本不知道该选哪个，于是，你把这道题空了过去，在那一刻，你选择的也是不做选择。

生活中像这样的例子还有很多，也许你听过一句话：**"人生最大的悲剧不是做错选择，而是不做选择。"**在此，我想要告诉大家，这句话不一定是对的，因为大多数观点、策略和行为都没有绝对的对错、好坏可言，所谓的对与错、好与坏，都是在特定的条件下才成立的。

实际上，我们可以把"不做选择"看成一种"等待"。

那些擅长投资的人都明白适时"等待"的价值。股神巴菲特曾建议人们假想自己一生有且只有二十次投资机会，这样，人们对每一次投资就都会深思熟虑，如果经过分析和思考，发现眼下并不是出手的好时机，那就选择等待。

"等待"也是好猎手们的核心品质。电影《兵临城下》的最开始有这样一幕，男主角瓦西里的父亲说过这样一段教他打猎的话："我是一块石头，我一动也不动，我慢慢把雪塞进嘴里，狼就看不见我呼出的气，我耐心等待，等狼走近。我只有一发子弹，我把手指放在扳机上，我没有发抖。”这也是等待的意义。

大仲马在《基督山伯爵》的末尾写道：**人类的全部智慧都包含在两个词语里——“等待”和“希望”**。由此可见，选择等待并不总是意味着态度消极，有时候，等待恰恰是最好的选择。

在什么情况下，不做选择是最好的选择呢？

1. 在没有充分考虑负面因素的时候，不做选择

常常有人邀请我合伙创业，他们中有一些人的创业故事十分诱人，推出的创业项目能够让我一展所长，使我有很高的意愿度。根据我在本章第一节提到的“好工作 = 高胜任力 × 高意愿度 × 高商业价值”这个公式，有一瞬间，我的脑中只有一个声音：“这是一个机会，抓住它！”

但是，我知道自己也许陷入了“证实偏差”，我之所以觉得它是一个机会，仅仅是因为我只接收了它可能是一个机会的信息，而忽略了它可能是一个陷阱。

“机会”与“陷阱”常常只有一线之隔。

我开始尝试思考这个项目可能存在的负面因素：

对方的描述足够客观吗？

对方是不是一个可靠的合作伙伴？

作为合作伙伴，他身上有没有我不能忍受的性格特质？他处理负面情绪的方式我能够接受吗？

如果答应合作，我需要承担哪些风险？

如果合作失败，我需要承担什么样的后果？有哪些补救措施？

经过这一连串的思考，我谢绝了 90% 的创业邀请。

2. 在情绪高涨的时候，不做选择

你有没有发现这样一个现象，旅游时买的不少东西带回家以后却不喜欢了，扔掉它们又觉得舍不得，于是就任由它们堆在某个角落？

为什么我们在旅游时，总会买一些自己其实并不怎么喜欢的玩意儿？因为旅游的时候，我们的情绪高涨，不像平时那样理智，在导购充满诱惑性的语言诱导下，我们很容易对眼前琳琅满目的商品产生“总得带点东西回去吧”的想法，冲动之下，我们就埋了单。

事实上，我们在生活中有不少冲动消费的行为。也许冲动消费只是一件小事，那在面对许多人生中的大事的时候呢？你会不会也在情绪高涨时，做出决定呢？

你会不会仅仅为了跟父母或者另一半赌气，就去选择一份不适合自己的工作？

你会不会在连续三个月投递简历都未接到面试通知，这时突然有个公司抛来橄榄枝，而你只是与对方公司的人力资源专员在电话里聊了两句，就决定入职？

其实，很多骗术之所以能够奏效，就是因为它们利用了我们高涨的情绪。所以，**不要在情绪高涨的时候做选择，需要做出重大的决定时，给自己三天的思考时间。**

5.4 这个方法，让你兼得鱼和熊掌

让人纠结的重大选择通常是这样的：这边是鱼，那边是熊掌，而你只能选其中一个。鱼有鱼的优点，熊掌有熊掌的好处，你选了鱼，就得放弃熊掌，反之亦然。对于这种结果，你会不会不甘心？难道选了熊掌，就全然得不到鱼的好处了吗？

我的一位来访者老张，在一家国企做研发，管理着十个人的团队，他对自己的工作感到很厌倦，觉得自己没有得到成长。这时，他的一个跳槽到民营企业的前同事告诉他，他们的公司已经进入 B 轮融资阶段，正需要一个负责把控技术的经理，这个职位收入高，有成长空间，但是工作强度比较大。

在咨询过程中，我用我在本章的前几节里讲到的方法帮他做了分析。他思来想去，虽然最终决定继续留在国企，但是心有不甘，担心自己错过了一

个成长的机会。

于是，我问了他："你觉得那家民营企业提供的哪些价值是你所在的这家国企不能给你的呢？"

"开阔视野，提升个人的专业技术。"他回答。

我又问："好，那反过来，你所在的国企能够提供哪些那家民营企业给不了你的价值呢？"

"工作与生活得到平衡，稳定。" 他说。

我说："这样看来，你认为工作与生活得到平衡和稳定，要比开阔视野和提升个人的专业技术更重要？"

他点点头："确实如此。不过，我也不能放弃专业技术的提升啊！"

"那好，现在请你想想看，假如你选择留在国企，你会做点什么来开阔视野，提升个人的专业技术呢？" 我接着问。

他想了想，回答："这是个好问题。如果选择留在国企，我会利用业余时间扩展行业内的人脉，翻看技术资料，参加技术研讨会和相关的社群。"

事实上，上面这个答案就是帮他兼顾鱼与熊掌的好处的一个方法。

在做选择的时候，我们之所以选择某个选项，是因为我们想要这个选项背后的价值。

选择在大城市发展，是想要更多的工作机会和可能性；选择回家乡的小城市生活，是想要稳定和近在身边的亲情。

选择进大公司工作，是想要好的平台和资源声望地位；选择加入创业团队奋斗，是想要更多灵活性和自主性。

很多人在做选择时陷入一种误区，想当然地认为，如果选了熊掌，就全然得不到鱼的好处了。实际并非如此，即便选择了选项 A，放弃了选项 B，但是我们依然有可能通过一些行动，将选项 B 背后的一部分价值补偿给自己。

大家不妨想想自己去吃法式大餐时是如何点菜的。法式大餐作为西餐之首，其菜式较为精致、复杂。头菜、汤、副菜、主菜、饭后小点及酒品等，通常你会先选好主菜，然后再点副菜，以主菜为重点，副菜为辅助，两者相辅相成、相得益彰。

我们做其他的选择时，也可以借用这种点菜的方法。

第一步，选主菜

如果选择了主菜 A，就应该重视主菜 A 的价值，使它们得到充分发挥。我发现，有些选择在大城市打拼的人，租住的房子离工作单位特别远，每天单是花在通勤上的时间就有三个小时之多，下班回到家时已经疲惫不堪，周末如果不需要加班，就只想在家休息，如此一来，他选择了大城市，却没能利用大城市带给他们的资源（如专业研讨会、学术沙龙等），这就是没有充分发挥主菜 A 的价值。对于这一类人群，我建议他们搬到离工作单位近一些的地方居住，省下一些时间和精力，以便更好地利用大城市的资源和发展机会。

既然选择了有风景的路，就不要把心思都放在跟同行的人闲聊上。

第二步，选副菜

副菜是主菜的辅助，我们虽然没有选择选项 B 作为主菜，但是可以把选项 B 当作副菜，通过一些行动，将选项 B 背后的一部分价值补偿回来。比如，选择了在大城市发展，那就利用好电话、视频等现代通信技术，多和家乡的亲人沟通，条件允许的话，每个月回家看一看，这些都能在一定程度上弥补不能陪伴家人的遗憾。反之，如果选择回小城市生活，就可以利用互联网获取信息，补充知识，甚至可以在周末搭乘高铁到大城市参加学术活动，这样也能在一定程度上帮助自己开阔视野，提升技能。

再举个例子，我的一位来访者是个正在攻读博士学位的研究生，他之所以找我咨询，是因为觉得读博士赚不到钱。虽然有不少企业来找他做工程师，但是他还是想把博士读完，纠结中不知该如何处理。

我知道他希望我帮助他选主菜，于是我问他读博士背后的价值是什么，他说是持续地学习和探索。然后我又问他，对他来说，持续地学习和探索与赚钱，哪个更重要，他的回答是："赚钱，我刚结婚，读博士赚的这点钱没法养家。"

聊到这里，我知道他选的主菜是去工作赚钱。

因此，我对他说："你要是选择去工作，就一定要选一个能发挥你的能力的、赚钱多的地方。"这是在帮他把主菜选准。

过了些日子，他已经在一家进入 A 轮融资的公司做技术总监，收入不低的同时还拿到了一部分股权，据他分析，公司此次融资成功的可能性很大，到时他的身价也会随之提升。这时，他再一次找到我，问我："我的那个博士学位该怎么办？"

我知道，这一次，他是希望我帮助他选副菜。

我问他："你现在负责的技术，跟你读博士时的专业有一致的地方吗？"

"有一项核心技术，就是我读博时的专业涉及的部分。"他说。

我又问他："那么如果要你在工作的同时，还能做到持续学习，你会怎么做？”

“我会尝试为这项技术申请专利，并且把我的工作看作一个实践案例，没准可以写一篇能够被 EI 收录的论文。等工作两年后，看能不能回去把博士读完。”他这样答道。

如此，他的副菜也选好了。

6. 行动改变

运用模型实现从容转变

行动改变有更深入的认知逻辑，这些逻辑形成了几个内在模型，理解并运用模型，行动会有的放矢，改变会水到渠成。

6.1 “改变 - 递进”模型：你以为改变是一蹴而就的吗

《倚天屠龙记》第一卷里，张君宝跟郭襄分别后，欲投襄阳，孤单寂寞、恓恓惶惶之时，听到一农妇在数落她的丈夫：“你一个男子汉大丈夫，不能自立门户……没来由地自己讨这场羞辱……常言道得好，除死无大事，难道非依靠别人不可？” 那妇人的话，句句都打进了张君宝心里，后来他潜心研习道家练气之术和《九阳真经》，终成一代大宗师张三丰。这一段寥寥数笔，故事里已是沧海桑田。金庸用一个“数十年过去”把那艰苦的修行一笔带过，做读者的，却当真认为张三丰能够创造奇迹全凭武功秘籍和那农妇的一番话。

我们小时候都读过很多科学家、发明家的成长故事，比如牛顿是因为被熟透的苹果砸中，才发现了万有引力。瓦特是因为看到煮沸的水将壶盖顶起，才研制出蒸汽机。小时候的我们纷纷惊诧于这些故事的神妙，惊诧于科学家瞬息之间改变世界的能力。

长大后我们才知道，故事里多半只展现了他们改变世界时的开始和结果，而省略了改变过程中所经历的多个层级的变换。

改变是一个多阶段的递进过程，它的发生遵循“改变—递进”模型。

我们不妨以“瘦身”为例，作为看客，你会看到很多人瘦身前后的身材对比照，你感到惊奇：“短短半年，他们是怎么少掉数十斤的？”

此时，你看到的是**“结果的改变”**。

那么，**他们是怎样实现这种“结果的转变”的呢？**

通过进一步了解，你会知道，他们在瘦身期间采用了健身、控制饮食等方法，这些行为也是一种转变，是**“行为的改变”**。

是什么促使他们产生“行为的改变”的呢？这种“行为的改变”的动力是什么？

如果与那些瘦身成功者闲聊，你可能会了解到这个动力来自这样几个观点：

1. 如果继续胖下去，我将面对更严重的后果，比如罹患重大疾病。

2. 我无法接受那样严重的后果。

3. 我认为经过努力，我是可以改变这个局面的。

这一系列观点构成了他们的信念，这个信念就是他们改变的动力。这是**“信念的改变”**。

分析到这里，我们不妨再深入地问一个问题：**他们的这一系列观点、信念又是怎么产生的？**

我发现几乎所有的瘦身成功者在发生“信念的改变”之前，都曾有过如下经历：

1. 看到讲到瘦身经验的文章；

2. 看到自己的某个朋友通过改变饮食习惯逐渐变瘦，通过健身练出了人鱼线；

3. 看到某个纪录片讲述一个胖子如何罹患心脑血管疾病最终半身不遂；

4. 看到镜子里很丑的自己；

5. 购买保险时，由于超重而被索要更多的保险费；

……

正是这些**“认知的改变”**使他改变信念的。

现在，我们可以得知，改变分为四个步骤：认知改变、信念改变、行为改变和结果改变。

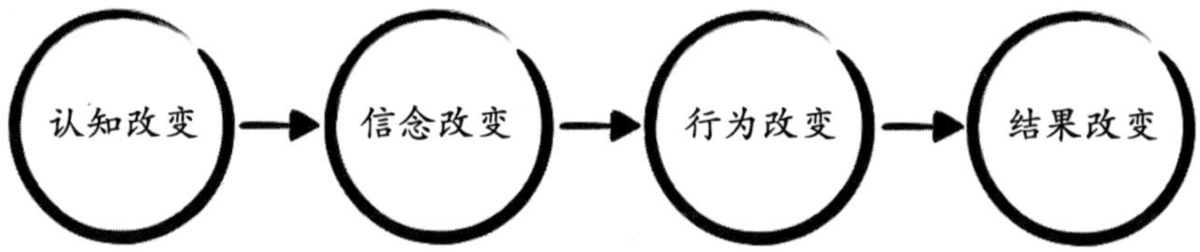

图 6-1

也许你要问，是什么造成了认知的改变呢？

我知道一个真实的故事，那个故事的主人公名叫“古尔浪洼”，他现在是一家公司的副总，也是一名资深的职场人。古尔浪洼是在甘肃的一个很穷的小镇上念的小学，那时候的他不爱学习，上初中时他甚至开始逃学。有一次，古尔浪洼偶然发现自己的一位远房舅舅家里收藏了很多文学名著，他常常逃学去舅舅家看书。逃学看了半年书之后，他本想辍学去帮家里干农活，却意外地收到了一封通知他作文比赛获奖的来信，信里邀请他去北戴河领奖并参加写作培训。那是初二刚开学时，古尔浪洼在同学的一本中学生刊物上看见一则作文比赛的征文启事，一时心血来潮，他坐在教室里花了一个小时，写出了一篇短文，去舅舅家看书的路上，他顺手把那篇短文寄了出去，原本没有抱任何希望，却没想到竟然获了奖。

去北戴河领奖和参加写作培训，使他打开了视野，看到了从前没看过的世界，回到家后，他放弃了辍学的想法，选择继续读书。

这次获奖事件，其实是“主动 + 偶然”促成的。假如古尔浪洼没有偶然地去舅舅家，他就不会发现那些文学名著；假如他没有偶然看到那则作文比赛的征文启事，他就不会去写那篇短文；假如他不主动去看那些文学名著，他的短文就不可能在作文比赛中获奖；而假如他没有偶然地接到那封获奖通知，他不会选择继续读书，也不会有后来成为公司副总的古尔浪洼。

由此，我们知道导致“认知改变”的往往是两个因素：1. 主动认知；2. 偶发事件。

我的一个客户，在三线城市的一家国企做了三年运维工作，很稳定，但是薪水不高，他感到空虚、无聊，不知如何是好。

咨询的过程中，我建议他去做 UI 设计，因为我知道在当时 UI 设计的市场需求旺盛，他只需学习半年，就能获得月薪七千的工作，如果坚持学习，两年后他的月薪可以达到两万。咨询结束后，他用一周的时间去寻找 UI 设计相关的课程、论坛和 QQ 群，然后开始学习 UI 设计；半年后，他进入一家公司做 UI 设计工作；两年后，他成为一名在二线城市里技术过硬的 UI 设计师，我们至今还保持着联系。

在这个案例中，这位客户先是偶然看到我在一个论坛上写的职业规划相关的文章，了解到我是一个咨询师，然后他主动找我咨询。通过咨询，我增加了他的认知，使他看到了新的职业发展路径，从而改变了他的信念（想要从运维领域跨越到 UI 设计领域），触发了他的行动（开始学习 UI 设计），并最终改变结果（成为一名 UI 设计师）。

从这个案例中，我们总结出让“认知改变”和“信念改变”发生的方法：

首先，去看到更多的人和事，主动增长见闻、吸收观点、扩大视野。

然后，打破旧的认知，建立新的认知，形成新的信念。

6.2 “发散—聚焦”模型：你以为专注就能成功吗

在讲这个模型之前，先容我卖个关子。

你们肯定逛过淘宝网，不知道你们有没有发现，如果你打开淘宝网上某件商品的宣传页面，浏览几分钟之后，你关闭了淘宝网的页面，开始做其他的事，当你再次打开它时，页面上的广告栏里就会出现上次浏览过的产品的购买推荐。

为什么会这样？那是因为淘宝网使用了人工智能和大数据技术，它会根据你在网络上的操作计算出你所关注的内容，并帮助你强化这个内容。

假如你是个特别爱走神的人，这些技术将会帮助你“专注”起来。

但是，一味地专注是好事吗？

心理学家做过一个实验，分别把蜜蜂和苍蝇放进两只瓶底对着太阳的玻璃瓶，看它们能否跑出瓶子。结果发现，蜜蜂一次又一次专注、顽强地撞击瓶底，直至撞死，而苍蝇则在瓶子里四处乱撞，最后反倒跑了出来。

专注的蜜蜂死在瓶底，“三心二意”的苍蝇却逃出生天，难道我们要做跟苍蝇一样三心二意的人吗？当然不是！我们是人，可以因地制宜，可以又做苍蝇又做蜜蜂，我们的行为模式应该遵照“发散—聚焦”模型。

以摄影为例，如果你想拍出一张好照片，就得拎着相机四处搜寻，寻找好的摄影对象，这是“发散”。当你找到满意的摄影对象，你会用相机对焦，按下快门将它定格，这是“聚焦”。

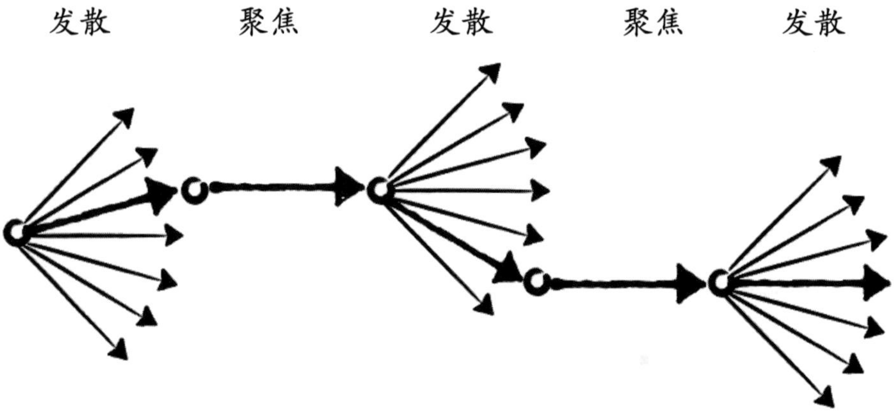

图 6-2

在日本，流传着一个故事，故事的主人公是日本近代两位一流的剑客，宫本武藏和柳生又寿郎。当年，又寿郎拜武藏为师，学习剑道，两人就如何成为一流剑客这个问题有过一段对话。

又寿郎：“师父，以我的资质，要练多久才能成为一流的剑客？”

武藏：“最少也要十年吧！”

又寿郎：“啊，十年太久了，如果我加倍苦练，多久可以成为一流的剑客呢？”

武藏：“那就要二十年。”

又寿郎一脸狐疑：“如果我夜以继日地苦练呢？”

武藏：“那你根本不可能成为一流的剑客。”

又寿郎非常吃惊：“为什么？”

武藏：“要当一流剑客的先决条件，就是必须永远保留一只眼睛注视自己，不断反省自己。现在，你的两只眼睛都盯着剑客的招牌，哪里还有眼睛注视自己呢？”

又寿郎听了，满头大汗，当场开悟，终成一代名剑客。

在这个故事里，武藏所说的“永远保留一只眼睛注视自己，不断反省自己”其实就是指“聚焦”，将注意力放在自身，而相对的，另一只眼睛则用于“发散”，察看自己所处的这个世界。

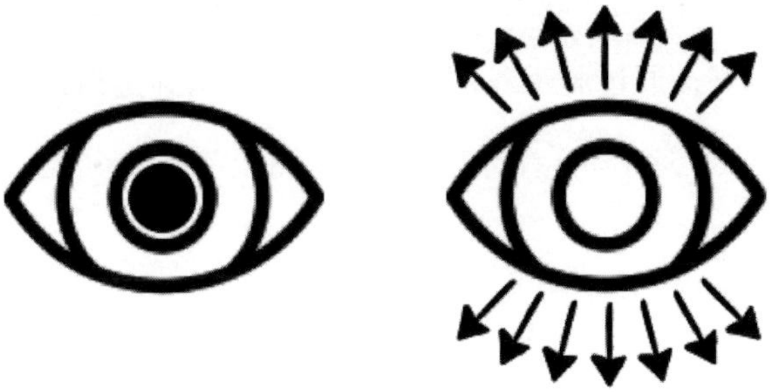

图 6-3

在职场中，如何使用“发散—聚焦”模型？

通过给多位职场人士做咨询的经历，我发现职业韧性强的人，会根据自己的状态来选择什么时候“发散”，什么时候“聚焦”。

当他们感到倦怠时，他们会开启“发散”模式。因为倦怠，通常意味着他们已经对当前的工作内容非常熟悉，得心应手，这时，他们会四处探寻，参加各种活动，获取新知。

当他们感到焦虑时，他们会开启“聚焦”模式。因为焦虑，通常意味着他们在当前的工作中遇到挑战，这时，他们需要集中注意力解决问题。

在生活中，如何实现“聚焦”和“发散”？

著名的日本服装设计师山本耀司说：“‘自己’这个东西是看不见的，撞上一些别的什么，反弹回来，才会了解‘自己’。”所以，跟很强的东西、可怕的东西、水准很高的东西相碰撞，然后才知道“自己”是什么，这才是自我。

由此可见，聚焦，需要通过发散来实现。我们通过品尝各种口味的食物，来确定自己的偏好；通过聆听各种风格的音乐，来确定自己的品味；通过跟各种各样的人交往，来确定自己在这个世界上的位置……

6.3 “扩张—跳跃”模型：你是如何被“跳出舒适区”毁掉的

近几年，“跳出舒适区”这个概念在社会上风靡。

我的一位来访者小刘就是受到这个概念影响的人之一。小刘曾经在一家国企从事了八年电力工程师的工作。入职第一年时，小刘是很辛苦的，她每一天的工作都围绕画图纸、察看施工现场而展开，但是后来做得多了，这些工作对于小刘来说轻车熟路，她并不觉得辛苦，只是感到有些厌倦，更何况她的收入自她入职的第三年起就几乎没再增加过了，她看到很多金融行业的朋友都收入颇丰，小刘很是心动。后来，在“跳出舒适区”这个概念的鼓动下，小刘接受了一个朋友的邀请，从国企辞职，进入一家理财公司做起了电话销售。

可谁知道，噩梦就这样来了，小刘入职两个月仅仅做成了一单业务。大家都知道，销售工作的薪水是按照“底薪 + 提成”的方式支付的，所以，仅做成一单业务的小刘两个月来只能领到微薄的薪水。到了入职的第三个月，小刘还是只有两名客户，这时，她内心的焦虑感达到顶峰。回想起从前做电力工程师的时候，收入不算太高，自己也还可以接受，虽然也有忙到双脚不离地的时候，但是到了周末总还可以看看电影、逛逛淘宝，对比现在的生活，小刘有些困惑，难道自己要回去继续干老本行吗？可是她真的已经烦透了那种每天画图纸、察看施工现场的日子，原本是想"跳出舒适区"，做更好的自己，真的跳出来了，怎么反而过得更难受了？

事实上，小刘这样的情况并不是个例，我在做咨询的过程中经常遇到与她相似的案例，导致这种情况的原因究竟是什么呢？

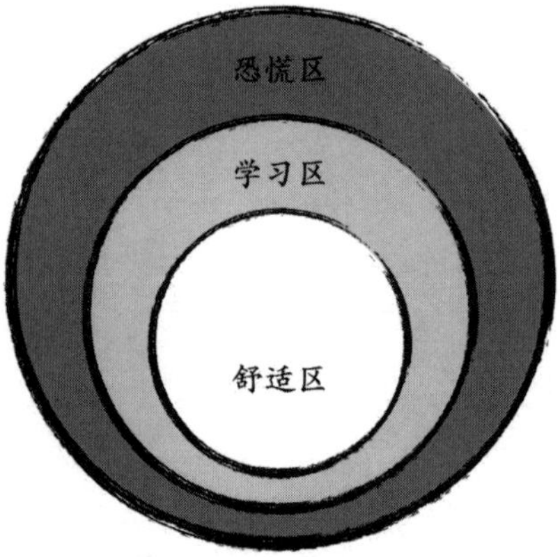

图 6-4

其实，在心理学中，人们对于外界的认识分为舒适区、拉伸区（也称学习区）和恐慌区三个区域。

舒适区：我们对这个区域里的人和事非常熟悉，做起事来也得心应手，在这个区域里，我们感觉很舒适，但是能够学到的东西很少，进步缓慢。

拉伸区：这是一个我们很少涉足的区域，里面充满新奇的事物，在这里我们可以充分地锻炼自我，挑战自我。

恐慌区：顾名思义，这是一个会让我们感到忧虑、恐惧的区域，在这个区域中的事物使我们不堪重负。

导致前文中提到的小刘陷入困境的根本原因，就在于她“跳出”舒适区，直接进入了“恐慌区”。这种跳法类似于心理治疗中用于治疗焦虑症的一种叫作**“满灌疗法”的方法。**

满灌疗法，又称**暴露疗法、冲击疗法，**它是不给患者进行任何放松训练通过让患者想象或者直接进入最恐怖、焦虑的情境，以迅速校正其对恐怖、焦虑刺激的错误认识，并消除由这种刺激引发的习惯性恐怖和焦虑反应的一种疗法。比如，想要治疗一个恐惧毛绒类物品的人，就把他关进堆满毛绒类物品的房间；想要治疗一个有洁癖的人，就在他手上涂满墨汁、油和颜料，并且不让他洗手。这种疗法用时较短，解决问题也比较干脆利落，但是它也有一个很大的弊端，就是会对患者的身心产生较大冲击，如果患者无法承受，则会适得其反。

其实，我认为比**“跳出舒适区”**更好的说法是**“扩张舒适区”**。

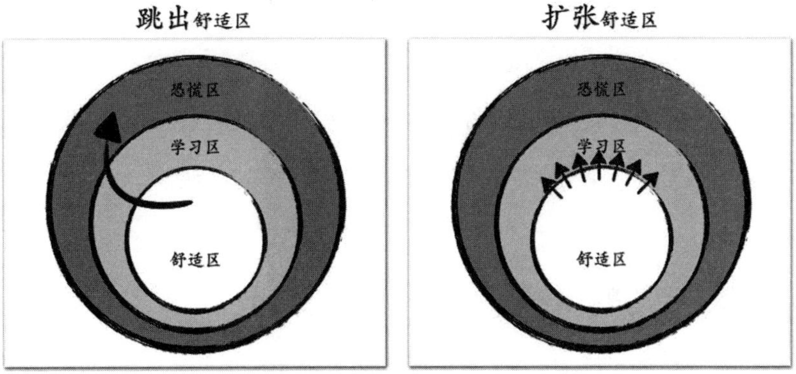

图 6-5 跳出舒适区到扩张舒适区

“扩张舒适区”显然比“跳出舒适区”更能给人安全感，因为它不需要你离开舒适区，而只需要将舒适区的边界适度扩大。

也就是说，如果你对现在的工作不满意，想转型到新的领域，从事新的工作，你不必马上辞职，你可以先做一些功课，通过阅读该领域的相关书籍、进入该领域从业者的社群等了解这份工作到底是什么样，然后通过参加学术沙龙、付费培训等提升自己在这个领域的知识技能，扩展相关的人脉。

那么， 是不是直接采用“跳跃”模式就一定不行，我们想要跳出舒适区就必须先采用“扩张”模式呢?

在这里，我要讲一个真实的故事。20 世纪 90 年代，有一位在我国一所著名学府任教的大学教师，他原本计划出国留学，却不想赶上了美国颁布限制中国学生赴美留学的政策。留学计划破产之后，这位老师开始在校外办辅导班赚取课时费，后来，这件事被他任职的学校知道了，校方认为他的这种私自办学的行为严重影响了教学秩序，对他做出了处分。

熟悉这个故事的人都知道，后来，那位教师从学校辞了职，再后来，他创办了一个全国知名的教育培训品牌。

这个故事的主人公就是俞敏洪。

这个故事告诉我们，有时候直接跳出舒适区也是可行的。在下面的两种情况下，我们应该选择直接“跳跃”，而不是先逐步“扩张”。

1.“扩张”模式遭遇客观条件阻碍

上文中的俞敏洪就是一个典型的案例。一开始，他采用“扩张”模式，一边做大学教师，一边利用业余时间开设校外辅导班，却没想到遭到了校方的强烈反对。在这种情况下，采用“扩张”模式显然已经行不通了，于是，俞敏洪选择从学校辞职，直接跳出舒适区，全身心地创建自己的培训学校。

2. 已然“跳出”舒适区，进入“恐慌区”

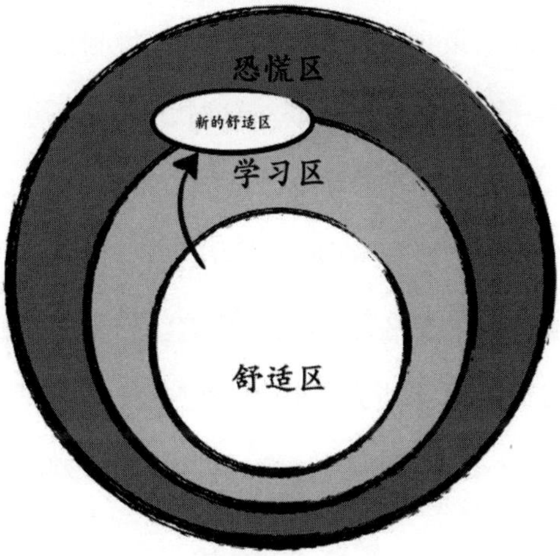

图 6-6

有句话叫**“置之死地而后生”**，意思是面临困境时，如果你事先断绝了自己的退路，你就会全力以赴，取得成功。直接从“舒适区”跳到“恐慌区”的人，无异于将自己置于“死地”，此时不如放手一搏，迅速投入战斗，竭尽全力之后，或许能在“恐慌区”中开拓出一片新的“舒适区”。

在职场中，如何应该使用“扩张—跳跃”模型呢？借用《宋史·岳飞传》中的一句话来回答就是“运用之妙，存乎一心”。

我的一个朋友，是一位专门为图书设计封面的设计师，在成为设计师之前，她是图书行业的一名优秀的策划编辑，曾经策划出版了不少好书。一开始，出于对设计图书封面工作的喜爱，她一边做图书策划，一边免费帮别人做封面设计，慢慢地，她设计的封面得到不少出版社的认可，每为一本书设计封面，她就能从中赚取一两千元的设计费。这时，她是用“扩张”策略一点一点地扩张自己在图书封面设计领域的舒适区。

后来，越来越多的出版社邀请她为他们的图书做封面设计，她有些忙不过来，考虑到如果辞去策划编辑的工作，全职做封面设计，自己将很快在圈内建立起个人品牌，她果断地辞了职。这时，她是使用 “跳跃”策略，从图书策划的舒适区，跳到了图书封面设计领域。

为什么一开始要用“扩张”模式，而后来要用“跳跃”模式？因为一开始采用“跳跃”模式的时机还不成熟，她需要先用“扩张”模式积累口碑，到后期，她的图书封面设计能力达到了一定的程度，时机已经成熟，她就需要采用“跳跃”模式一举建立个人品牌，扩大职业影响力。

扩张 — 跳跃模型

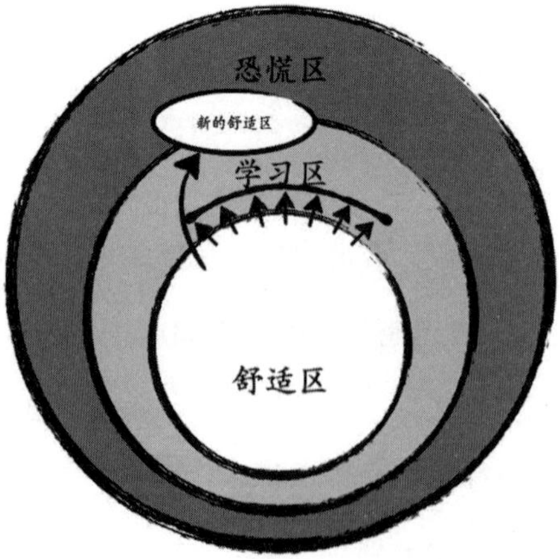

图 6-7

7. 实战问答

关于职场的困惑有很多，想要完成思维破局，更要找到解决问题的关键。

怎样用一个小时探索一个职业

我们探索一个全新的职业的目的，不是要像行业研究员一样，撰写一份深度的行业分析报告，而是要去了解这个职业的真实面貌，从而确定自己是否愿意从事该职业，如果愿意，自己需要做哪些准备。

探索的过程中，你要问自己下面六个问题：

1. 这个职业具体是做什么的?

2. 从事这个职业的人的一天是怎样度过的?

3. 这个职业有哪些有价值的、吸引人的地方?

4. 这个职业存在哪些风险和弊端?

5. 缺乏工作经验的人怎样从事这个职业?

6. 这个职业的发展方向是什么?

此外，你还可以就个人需求再多问几个问题，比如：这个职业的平均收入是多少？这个行业里的龙头企业是哪一家？这个职业当前的市场需求有多大？

具体的探索渠道有两个，一个是招聘网站，另一个是问答网站，通过这两个渠道，你只需花一个小时就能完成此次探索。

1. 利用招聘网站

第一步，工作年限在五年以内的求职者，搜索当前浏览量最大的大众招聘网站；已经成为高级业务人员或管理人员的求职者，搜索当前浏览量最大的具有猎头性质的招聘网站。

第二步，点击网站首页上**“职能（职位）”“行业”或相关字样**，选择自己想要探索的行业和职业。

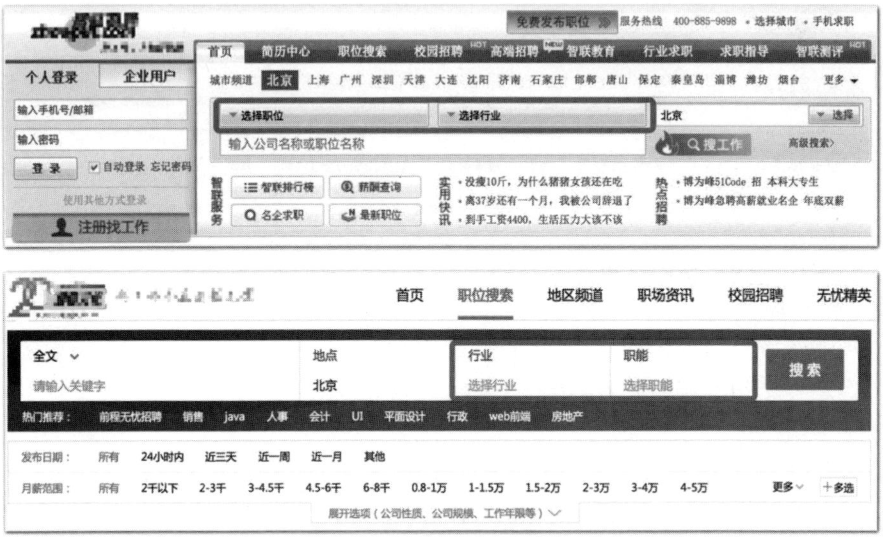

图 7-1

第三步，在行业和职能列表中勾选自己感兴趣的项目。

选择行业（最多只能选择5项）
计算机/互联网/通信/电子
会计/金融/银行/保险
贸易/消费/制造/营运
制药/医疗
广告/媒体
房地产/建筑
专业服务/教育/培训
服务业
物流/运输
能源/原材料
政府/非营利组织/其他
计算机软件
计算机硬件
计算机服务(系统、数据服务、维修)
通信/电信/网络设备
通信/电信运营、增值服务
互联网/电子商务
网络游戏
电子技术/半导体/集成电路
仪器仪表/工业自动化
确定
取消

图 7-2

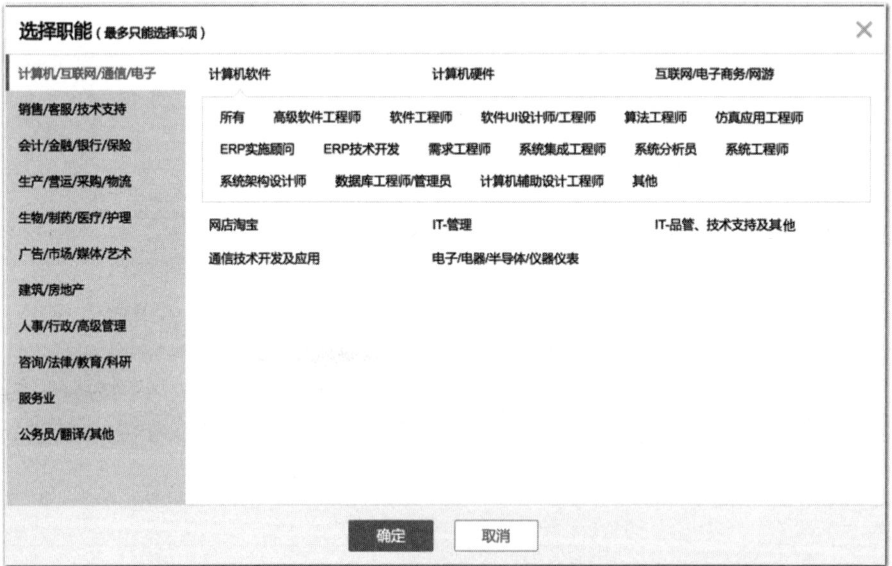
选择职能（最多只能选择5项）
计算机/互联网/通信/电子
销售/客服/技术支持
会计/金融/银行/保险
生产/营运/采购/物流
生物/制药/医疗/护理
广告/市场/媒体/艺术
建筑/房地产
人事/行政/高级管理
咨询/法律/教育/科研
服务业
公务员/翻译/其他
计算机软件
计算机硬件
互联网/电子商务/网游
所有
高级软件工程师
软件工程师
软件UI设计师/工程师
算法工程师
仿真应用工程师
ERP实施顾问
ERP技术开发
需求工程师
系统集成工程师
系统分析员
系统工程师
系统架构设计师
数据库工程师/管理员
计算机辅助设计工程师
其他
网店淘宝
IT-管理
IT-品管、技术支持及其他
通信技术开发及应用
电子/电器/半导体/仪器仪表
确定
取消

图 7-3

第四步，根据工作地点（城市）进行搜索，大致了解该行业内各职位的薪资、工作内容和任职要求。

职位信息

1.根据公司战略目标，制定并执行新媒体运营的目标和计划；

2.通过各类互联网平台（微博、微信、直播、视频、各类专业性论坛），推广和传播公司品牌，并策划用户互动策略，转化潜在用户，提升品牌体验和形象；

3.负责制定和执行提升粉丝或用户行为的产品及运营策略；

4.负责运营粉丝社群，组织策划线上线下粉丝活动，提升粉丝量、活跃度与黏性（点击率、转化率等）；

5.负责分析用户相关运营数据，定期进行工作成果报告，营运成果效益评估、改善报告。

任职资格：

1.2年以上移动互联网从业经验，熟悉粉丝经营理念，熟悉主流新媒体平台（app、微博、微信、陌陌、论坛等），有移动端营销、运营经验；

2.有丰富的社群运营和新媒体整合传播经验，有较强的网络感知能力，敏锐地把握市场动态、市场方向的能力；

3.深入了解互联网，尤其是新媒体特点及资源，有效运用相关资源，做到新媒体与公司资源的匹配与协调；

4.具备创新精神和钻研精神，对于新媒体营销工作有极大的热情；

5.能适应创业公司的快节奏，以及高速增长带来的工作压力。能适应带领团队长期加班。

图 7-4

职位名	公司名	工作地点	薪资	发布时间
媒体投放	深圳绿巨人网络传媒有限公司	深圳-龙岗区	6-8千/月	02-05
互联网运营专员	深圳市信一诚家居有限公司	深圳-南山区	4.5-6千/月	02-05
新媒体营销	上海龙路企业发展有限公司	深圳-龙华新区	4.5-8千/月	02-05
自媒体运营	香港卡连弗国际有限公司	深圳-福田区	0.8-1万/月	02-05
新媒体运营 / 文案	深圳市大神广告策划有限公司	深圳-龙华新区	6-8千/月	02-05
新媒体运营经理	深圳有心良品科技有限公司	深圳-宝安区	1-1.5万/月	02-05
新媒体运营推广	深圳两把刷子涂装技术有限公司	深圳-宝安区	0.8-1.5万/月	02-05
播控主管	华夏城视网络电视股份有限公司	深圳-南山区	7-9千/月	02-05
电商内容运营专员	粉蓝时尚	深圳	5-8千/月	02-05
网络推广	深圳市绿色良品实业有限公司	深圳-龙华新区	4.5-7千/月	02-05
微信公众号运营	深圳比特儿科技有限公司	深圳-南山区	0.8-1.5万/月	02-05
新媒体运营	深圳市踩德科技有限公司	深圳-龙岗区	0.8-1.2万/月	02-05
新媒体运营专员教育类	深圳市互联港湾网络技术有限公司	深圳	6-8千/月	02-05
原创编辑	深圳风启传媒有限公司	深圳-龙岗区	0.8-1万/月	02-05

图 7-5

第五步，选取某个自己感兴趣的职位，进一步了解不同的公司对该职位的工作内容描述和任职要求。

在了解的过程中，询问自己以下几个问题：

（1）以 10 分为满分，对于完成该职位的工作内容我的意愿度能得几分？

（2）在该职位所包含的多项工作任务中，有哪几项是我曾经做过的？以 10 分为满分，我的完成度能得几分？

（3）以我当前的能力和经验，能够满足任职要求的百分之几？

（4）以 10 分为满分，我的资历与该职位的匹配度能得几分？

第六步，将自己了解到的职位信息和对自己的评估结果写入一个专属文档。

2. 利用问答网站

第一步，打开当前浏览量最大的问答网站，在搜索框里输入自己想要了解的职位名称，搜索框下将自动弹出这个职位相关的提问，点击提问，即可获取答案。

图 7-6

第二步，将答案中的重要内容收录到专属文档里。

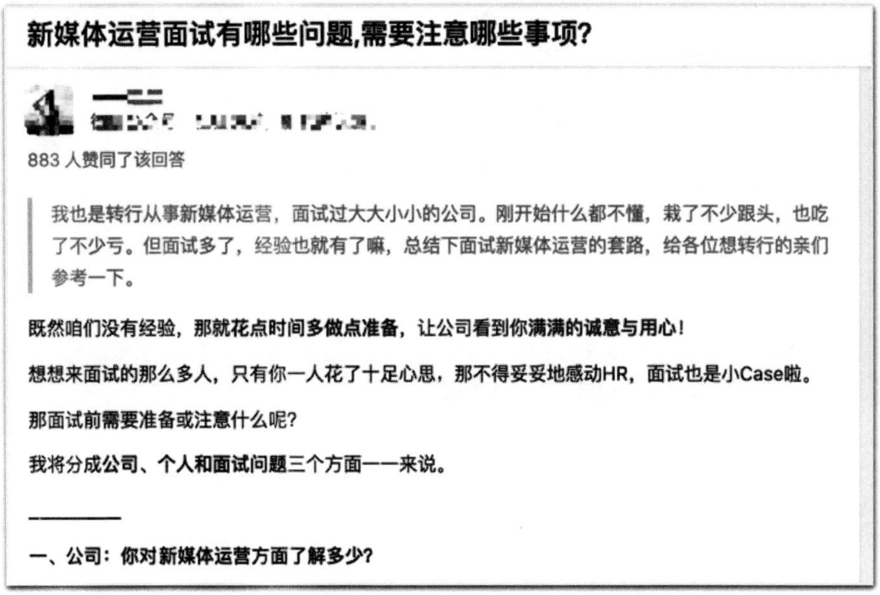
新媒体运营面试有哪些问题,需要注意哪些事项?

883 人赞同了该回答

> 我也是转行从事新媒体运营，面试过大大小小的公司。刚开始什么都不懂，栽了不少跟头，也吃了不少亏。但面试多了，经验也就有了嘛，总结下面试新媒体运营的套路，给各位想转行的亲们参考一下。

既然咱们没有经验，那就花点时间多做点准备，让公司看到你满满的诚意与用心！

想想来面试的那么多人，只有你一人花了十足心思，那不得妥妥地感动HR，面试也是小Case啦。

那面试前需要准备或注意什么呢?

我将分成公司、个人和面试问题三个方面一一来说。

一、公司：你对新媒体运营方面了解多少?

图 7-7

如果你还想对某个职位有更深层次的了解，可以将想要了解的内容做成列表，然后借助一些 App 约见经验丰富的业内人士进行付费咨询。

部分招聘网站与问答网站：

（1）www.zhaopin.com

（2）www.51job.com

（3）www.lagou.com

（4）www.liepin.com

（5）www.zhihu.com

（6）www.zaih.com

非本专业毕业生如何实现就业

很多即将毕业的大学生问我这样一个问题："老师，我现在学的不是未来我想干的专业，我能不能一毕业就转行呢？"

从近年的大学毕业生就业情况统计数据来看，进入职场的头三年内，有近乎 50% 的人选择了转行，而针对一些不好就业的专业，它们的毕业生选择转行的概率甚至有 90% 之多。

所以，大学一毕业就转行是完全可行的。那么，具体的操作步骤是什么呢？

首先，了解和分析哪些职业能够接纳非本专业毕业的学生就业。

医疗、司法、环保、工程机械等专业性较强的职业很少接纳非本专业毕业的学生就业，对于想要转行从事这些职业的学生，我建议你们先去读这些专业的研究生，然后再择业。

在下面两个表格中，我分别对热门行业和热门职能接纳非本专业毕业生就业的可能性做了评估，以供大家参考。

表 7-1

热门行业	**非本专业毕业生就业的可能性得分**	**说明（满分为 9 分，依据接纳非本专业毕业生就业的可能性，从小到大依次给予 1 分至 9 分的打分）**
互联网	9	该行业几乎没有对是否为本专业毕业生做硬性要求，招聘时主要以应聘者的作品情况和工作经验为考查目标。
餐饮	9	该行业几乎没有对是否为本专业毕业生做硬性要求，招聘时主要以应聘者的实际操作水平为考查目标。
文化传媒	8	该行业中的多数职能能够接纳非本专业毕业生就业，招聘时较为看重应聘者是否具备相关的从业经验。
教育培训	8	学校一般要求应聘者为本专业毕业生，多数培训机构没有对是否为本专业毕业生做硬性要求。
旅游与酒店	7	该行业能够接纳部分非本专业毕业生就业。
金融	6	该行业的销售、培训等职能能够接纳非本专业毕业生就业。
医疗健康	5	该行业中，仅销售、营销、行政、人力资源等职能能够接纳非本专业毕业生就业。
交通运输	5	该行业中，仅销售、营销、行政、人力资源等职能能够接纳非本专业毕业生就业。
工程机械能源	4	该行业中，仅销售、营销、行政、人力资源等职能能够接纳非本专业毕业生就业。

表 7-2

职能	非本专业毕业生就业的可能性得分	说明（满分为 9 分，依据接纳非本专业毕业生就业的可能性，从小到大依次给予 1 分至 9 分的打分）
销售	9	几乎所有行业的销售岗位都能够接纳非本专业毕业生就业，部分岗位优先接纳本专业毕业生。
行政	9	几乎所有行业的行政岗位都能够接纳非本专业毕业生就业。
营销	8	几乎所有行业的营销岗位都能够接纳非本专业毕业生就业，部分岗位优先接纳本专业毕业生。
运营	8	多数行业的运营岗位能够接纳非本专业毕业生就业，少量专业性较强的行业要求应聘者为本专业毕业生。
编辑、文案	8	几乎所有行业的编辑、文案岗位都能够接纳非本专业毕业生就业，不对是否为本专业毕业生做硬性要求。
人力资源	7	多数行业的人力资源岗位能够接纳非本专业毕业生就业。
咨询	7	多数行业的咨询岗位能够接纳非本专业毕业生就业，但是要求应聘者拥有较高的学历，最好是名校毕业生。
教师	6	多数行业的教育培训岗位能够接纳非本专业毕业生就业。
设计	5	互联网和传媒行业的设计岗位能够接纳非本专业毕业生就业，但是要求应聘者出示合格的设计作品。
开发	4	仅互联网行业的部分开发岗位能够接纳非本专业毕业生就业。
专业服务	3	专业服务主要指医生、律师等需要具备较多专业知识技能的服务性岗位，这类岗位几乎不接纳非本专业毕业生就业。

其次，在校期间做出相应规划。

如果你想要从事的职业拒绝接纳非本专业毕业生就业，那么，在校期间你需要制订相应的学习计划，准备转专业读研。

如果你想要从事的职业能够接纳非本专业毕业生就业，那么，在校期间你需要制订相应的实习计划，准备进入目标行业实习。

最后，将规划落到实处。

如果对当前的工作感到不满意，如何判断要不要坚持干下去

我们工作到底为了什么？

根据我做咨询的经验，人们之所以工作，无非为了获得以下五项价值：

1. **成长**：即个人成长，也指个人能力的提升。

2. **名利**：即名位与利禄，也就是得到更高的声望和财富。

3. **安全**：也可以理解为“稳定”，换句话说就是，不需要面对大幅度的工作变动，不用每天担心自己被裁员。

4. **归属**：即归属感。

5. **理想**：意指能够帮助自己实现理想。

如果你对当前的工作感到不满意，一定是这五项价值中的一项或几项不能得到满足。

至于是否要坚持干下去，首先，要搞清楚一个问题，那就是你是否能够胜任这份工作，如果不能胜任，那么你显然无法坚持干下去；如果能够胜任，那么**你需要使用“过去—现在—未来”模型进行评估。**

一、对“过去”的评估

你需要回答以下几个问题：

1. 当初选择这份工作主要是为了追求什么？如果要将成长、名利、归属、安全和理想按照重要程度进行排序，你当初的排列顺序是怎样的？

2. 以 10 分为满分，入职半年后，你对于这份工作所给予的五项价值的满意度分别是几分？这样评分的理由分别是什么？

表 7-3

价值	满意度	说明
成长		
名利		
安全		
归属		
理想		

3. 是这份工作所提供的哪项价值让你坚持干到现在的？

二、对“现在”的评估

你需要回答以下几个问题：

1. 以 10 分为满分，此时此刻，你对于这份工作所给予的五项价值的满意度分别是几分？这样评分的理由分别是什么？

表 7-4

价值	满意度	说明
成长		
名利		
安全		
归属		
理想		

2. 在分值上，对于“现在”的评分与对于“过去”的评分有什么不同？

3. 如果要将成长、名利、归属、安全和理想按照重要程度进行排序，此时此刻，你的排列顺序是怎样的？在这五项价值中，这份工作在哪一项上给予得最少？

4. 如果总分是 35 分，你会为各项价值分配多少分值？

表 7-5

价值	重要度（总分为 35 分）
成长	
名利	
安全	
归属	
理想	

5. 列出除当下这份工作之外，你能够选择的职业。

选项 A.……

选项 B.……

依据五项价值的满意度，为上边所列出的几个选择进行大致评分。

表 7-6

价值	选项 A 的满意度
成长	
名利	
安全	
归属	
理想	
价值	选项 B 的满意度
成长	
名利	
安全	
归属	
理想	

三、对“未来”的评估

你需要回答以下几个问题：

1. 以 10 分为满分，据你预测，两年后你对于这份工作所给予的五项价值的满意度分别是几分？这样评分的理由分别是什么？

表 7-7

价值	满意度	说明
成长		
名利		
安全		
归属		
理想		

2. 两年后，成长、名利、归属、安全和理想这五项价值，你的排列顺序是怎样的？

3. 如果你现在从这家公司离职，选择另外一份工作，但是两年后你发现这份工作比上一份工作还要糟糕，这样的结果你能够承受吗?

如何用两个小时了解目标公司

如果一个人想应聘某家公司的某个职位，他需要在应聘之前对这家公司的基本情况做一个较为全面的了解。

下面这张图中展示了目标公司的八个基本要素，我们可以借助互联网对这些要素逐一进行了解。

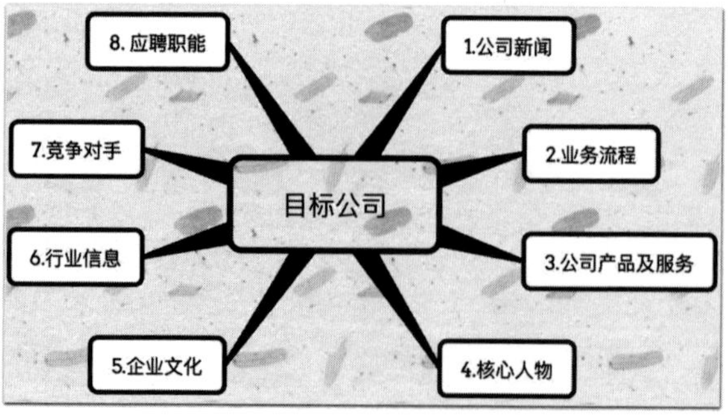

图 7-8

1. 公司新闻

公司新闻一般是指对公司近期的重大合作计划、合作项目和重大研发成果等事件的报道。浏览公司新闻的目的是深度了解公司的发展方向和主要业务。

了解方法：

（1）在百度的新闻条目下，输入目标公司的名称，将搜索到的前五页新闻认真阅读完，摘录重要信息放进专属文档。

（2）登入目标公司的官方网站，浏览该公司近一年的重要新闻。

（3）如果该公司是上市公司，那么还可以搜索证券类网站，在搜索框内输入目标公司的名称，点击进入该公司主页，查看公司公告、年度报告等信息，了解该公司一年来的盈利情况。

2. 业务流程

业务流程一般是指公司完成其业务所需经历的一系列程序和操作环节。了解目标公司的业务流程，最直接的作用是帮助你了解这家企业是如何运作的。

了解方法：

以客户的身份直接体验该公司的业务，这在互联网公司或服务类公司比较容易做到。

如果是机械、能源类等难以直接体验的公司，可以在搜索引擎和问答网站上以“某公司业务流程”“某公司怎么赚钱” 等为关键词进行搜索，仔细阅读搜索结果，摘录重要信息放进专属文档。

3. 公司产品及服务

了解公司产品及服务的最好方式也是以客户的身份直接体验。比如，你接到了某家游戏公司的面试邀请，面试前你可以去玩一玩这家公司出品的几款主打游戏产品。

体验过后，回答以下两个问题：

（1）这家公司的产品、服务有哪三个出彩的地方？

（2）这家公司的产品、服务有哪三个有待改善的地方？

把答案记录在你的专属文档里。

4. 核心人物

公司的核心人物往往是公司的创始人、合伙人或知名高管。

了解核心人物的过往经历、近期重点投入的项目、近期发表的重要观点，甚至是近期读过的书和文章等，能够帮助你在面试时提升你跟公司的匹配度。如果可以，请了解核心人物。

了解方法：

（1）使用搜索引擎，在搜索框内输入核心人物的名字，粗略阅读前五页搜索结果；

（2）如果该核心人物注册了微博账号，可以在微博上搜索他，了解他近期发表的观点、阅读的书籍；

（3）打开微信 App，在“搜一搜”功能里搜索该核心人物的名字，了解他的过往经历及观点等。

5. 企业文化

企业文化往往会在很大程度上影响员工的行为方式。了解公司的企业文化，有助于判断自己是否适合进入这样的组织。

了解方法：

（1）进入目标公司的官网，阅读网页上展示的企业文化内容，记住关键性的信息。

（2）在了解目标公司核心人物的观点时，提炼其价值观，核心人物的价值观通常也能在一定程度上反映该公司的企业文化。

（3）借助搜索引擎和微信的“搜一搜”功能，搜索该公司的逸闻、故事。有一个说法“企业文化就是公司流传的故事”，从这些故事中，也可以大致反映该公司倡导的价值观和行为方式。

6. 行业信息

行业信息主要是指目标公司所处行业的发展动态。

了解方法：

（1）借助搜索引擎、问答网站和微信的“搜一搜”功能，检索行业信息。

（2）进入行业内的垂直网站和专业论坛，浏览行业信息。

7. 竞争对手

竞争对手通常是指所提供的业务与目标公司相同或相近的企业，了解其中比较知名的几家公司的产品服务、核心人物和企业文化等信息。

了解方法：同上述 3、4、5 点的了解方法。

8. 应聘职能

应聘职能指你的目标岗位，要想了解应聘职能，你需要回答以下几个问题：

（1）这个岗位的主要职责有哪些？

（2）你会如何处理这个岗位的工作任务？

（3）这个岗位需要你运用哪些能力和经验？

我要转去做与自己的性格特质相匹配的职业吗

有一次，我作为嘉宾参加一个电台的节目，主持人问我：“最近是公务员考试的日子，您觉得什么样的人适合去考公务员呢？”我回答：“只有与自身性格特质相匹配的人才适合。”

又有一次做电台节目，主持人问我：“您觉得销售岗位是不是也得是性格特质相匹配才适合去做呢？”

我没有直接回答，而是反问了他一个问题：“假如现在有两名应聘销售岗位的应聘者，一个能说会道，善于理解和取悦客户；另一个则不太爱说话，有些木讷，但是做事情比较有恒心，能坚持。你作为招聘者，会招他们中的哪一个？”

“一般会招前一个吧，前一个的性格适合。”主持人回答。

我不置可否，接着问：“那如果前一个是每天开着宝马车上班的富二代，而后一个是农村穷苦人家的孩子，你会招哪一个？”

主持人说：“那我很可能会招后一个，因为做销售岗位需要较强的抗压能力，而后一个应聘者家境不好，赚钱欲望相对更强，这样的人应该更能抗压。”

由此可见，对于是否应该转去做与自己的性格特质相匹配的职业，我认为答案不是一成不变的，要具体问题具体分析。

1973 年，美国著名心理学家麦克利兰提出“冰山模型”的理论，将人的素质由外而内分成多个层级。

图 7-9

根据冰山模型我们可以知道，相对知识、技能等“冰山水面以上的部分”而言，动机、性格特质、自我认知和社会角色等“冰山水面以下的部分”才是对人的行为与表现起到关键性的作用的素质。招聘人才时，不能局限于对知识和技能的考察，而应该综合考虑应聘者的求职动机、性格特质等素质。有很多人尽管性格特质与所做的职业不相匹配，但是依然能够表现出色，就是因为其动机、自我认知和社会角色等素质在其中发挥了重要作用。

为什么我认为只有与自身性格特质相匹配的人才适合做公务员呢？因为公务员这个职业比较特殊，这个职业的从业者一般来说收入不会太高，职位的晋升速度也比较慢，但是具有比较高的“安全（稳定）”价值，所以只有那些与性格特质相匹配、追求稳定的人才适合走上公务员岗位。

作为求职者，无论是择业，还是转行，都应该首先了解自己的各项素质中处于“冰山水面以下的部分”，然后才是“冰山水面以上的部分”，只有与自身的这些素质匹配程度较高的职业才是比较好的职业选择。

如何让家人支持我的职业选择

自己的职业选择得不到家人的支持，是令很多职场人士感到头疼的问题。对于这个问题，我将在这一节为你提供三种解决方法，你可以试试看：

1. 谈情，而不是说理

家，应该是一个谈情的地方，而不是一个说理的地方。这个“情”是什么？是夫妻之间的互敬互爱，是父母与孩子之间的亲子之爱、孺慕之情。当你与你的家人的想法不一致的时候，最好的沟通方式不是跟他们讲道理，不是用道理去说服他们，而是谈情，用亲人之间的爱去寻求他们的理解和支持。

动画片《聪明的一休》里有一集讲的是一个母亲由于缺少生活来源，将自己刚刚出生的孩子放在另一家人门前。五年后，这个母亲的生活好转，来到当初放下孩子的那户人家寻子，竟遇到另一个声称是孩子生母的女人，她们两人都对孩子的相貌等特征非常熟悉，这让养父根本无法从她们的叙述中辨别真伪。

这时，一休想了一个办法，他让两个女人一左一右分别站在孩子两边，用力拖拽孩子的胳膊，哪个拽得更用力，成功地把孩子拽走，哪个就是孩子的生母。一开始，两个女人都用了些力气去拽孩子的胳膊，但是后来，其中的一个女人见被两人拖拽着的孩子十分痛苦，便松了手，于是，孩子被那个没有松手的女人抢走了。但是，一休却没有按照之前的推断将孩子判给那个获胜的女人，反倒宣称选择放手的才是孩子的生母。

一休做出这个判断的根据是什么呢？这件事背后的原理其实很简单，父母都爱自己的孩子，不忍孩子受苦，即便先前规则说的是“谁能把孩子拽走，谁就是孩子的生母”，但是母亲对孩子的爱会使她顾不上规则，放弃争夺。

所以，你要相信，亲人之间的爱能胜过规则和道理，在这种“情”的作用下，他们会愿意去理解和支持你。

2. 用文字代替语言

你是不是也习惯于用面谈、打电话这种沟通形式跟你的家人沟通呢？面谈和打电话沟通操作简便、直接快捷，但是这种沟通形式也存在一个很大的弊端，那就是人们面对争执、情绪激动时，很难控制自己，容易出口伤人。伤人的话一出口，覆水难收，于是矛盾扩大，争执更加难以解决。

这个时候，如果换一种沟通形式，用写信（短信、微信都可以）代替面谈和打电话，用文字代替语言，情况或许会发生转变。

为什么会这样呢？

因为当你把自己的想法落到纸面上的时候，你的情绪已经稳定下来，你会开始考虑如何措辞才不会伤害对方，你会认真思考怎样才能更清楚地表达自己的观点。

这封信你可以这样写，**首先，跟你的家人谈情，谈亲情**。表达你对他们的爱与感激。**其次，尽量客观地陈述你的想法**。对他们的看法表示一定的认同，同时也委婉而充分地表达自己的观点，告诉他们这是你经过深思熟虑后做出的决定，并且愿意为自己的选择负责。**然后，回到亲情的部分，向家人表示自己渴望获得支持的心情，恳求他们理解**。把你的难处告诉你的家人，告诉他们你需要他们给予你力量。**最后，再次重申自己的态度，表明自己的决心**。让他们知道，这是你郑重的决定，你不想让自己留有遗憾。

我相信，你的家人看到这封信之后，哪怕不能给你很多支持，至少不会再强烈地反对你了。

3. 独立生活

假如，你的家人像电视剧《欢乐颂》中樊胜美的家人一样，无论你怎样沟通，他们的心意始终没有半点改变，那么你就只有一个办法，那就是离开他们，独立生活。

小猫一断奶，母猫就不理它了，把它轰走；小鹰的翅膀一长硬，母鹰就会把它赶走。而你也要像断奶的猫、翅膀长硬的鹰一样，开始你自己的生活，将决定权掌握在自己手中。

如何做成“斜杠青年”

这两年，“斜杠青年”这个词很火。很多年轻人选择在工作之外，发展几项副业，他们可以在写书、玩乐队的同时，做咨询师和网络主播。

一开始，他们很享受这样的生活，可是两年之后，他们中的不少人就冷落甚至放弃副业变回了“单一青年”。

这是为什么呢?

你一定听说过一个叫“雕牌”的品牌，提到这个品牌，你会想到什么?一定是雕牌肥皂和雕牌洗衣粉，还会想到那则妈妈下岗了，女儿用雕牌洗衣粉给妈妈洗衣服的广告，这则广告的定位非常明确——用亲情打动消费者。事实证明，它的效果很不错，甚至有观众每次都会含泪看完。

2001 年，浙江纳爱斯集团推出新产品“雕牌牙膏”，为引导销售，公司同样以母爱为主题，为它打造了一则广告。2005 年，雕牌牙膏改名为“纳爱斯牙膏”。如果我们把纳爱斯集团看作一名青年，他俨然一名“斜杠青年”，他不仅做肥皂和洗衣粉，还做牙膏。

同样是做“斜杠青年”，华为和锤子科技两家公司很成功，尤其是它们的手机产品。一提到华为手机，你就会想到那是一帮拥有强烈的爱国心的技术工作者做出的高技术、多功能、耐用的产品；一提到锤子手机，你就会自然而然地联想到“设计感”“情怀”“自由”这些字眼。对比之下，我们不难发现，华为手机和锤子手机的成功离不开清晰的定位。

现在你知道了，**许多人之所以没做成“斜杠青年”，就是因为他们缺乏清晰的定位**。要怎么做才能建立清晰的定位呢？

1. 找准角色定位

也许你是拥有工程师、乐队贝斯手、业余演员等多重身份的一名“斜杠青年”，但是当你处于某一特定情境中时，你还是得找准自己的角色定位。换句话说，在做开发项目时，你就是工程师；在酒吧演出时，你的角色就是贝斯手；在舞台上表演时，你的角色就是演员。定位准确，别人才容易记住你。

2. 用单一的形象定位

新精英（北京新精英生涯国际教育科技中心）的创始人古典，也是一名“斜杠青年”。他做公司老板，也做培训师；是运动爱好者，也是旅行爱好者；玩乐队，也写影评。他给自己的定位是“古少侠”。

同理，如果你是一名设计师，同时还是一名培训机构的讲师，你热爱烹饪，还痴迷玩魔方，那么你也许可以用“工匠”这个词为自己定位。

3. 在职业发展初期，尽量不要“斜杠”

我们常常在很多宣传“斜杠青年”的励志文章中看到下面这样的例子——

赵薇：演员 / 老板 / 导演

任泉：演员 / 老板 / 制片人 / 天使投资人

某某网红：网络红人 / 美食雷达 / 自媒体人 / 经纪人 / 美食摄影 / 全媒体推广

……

乍一看去，那些头衔着实很耀眼，让人跃跃欲试，但是，如果你还处在职业发展初期，我建议你暂时放下做一名“斜杠青年”的想法，先专注于某一个领域。人都是先学会走，才能够跑。要想做成“斜杠青年”，也得先做好“单一青年”，等自己在一个领域发展成熟之后，再开始“斜杠”。先“一专”，再“多能”，这才是成为“斜杠青年”的正确路径。

致　谢

这是我进入个人成长、职业规划发展领域后写的第三本书。

首先，感谢我的家人。一路走来，你们对我的理解和支持，让我充满感动。

接下来，我要感谢来找我咨询的每一个来访者。通过跟你们聊天，倾听你们的迷茫和困惑，我也进行了换位体验。很多时候我会惊诧，不是惊诧于你们所面对的困境，而是惊诧于在那样的困境下，你们依然愿意坚持。

除了各位来访者，我还要感谢我的微信公众号“治愈马”的各位读者。与你们的超越时间与空间的交互，是我写作的最大动力，你们的每一次阅读、点赞、留言，都是一种滋养我写作的养料。

另外，我还是要感谢我的生涯规划领域的咨询师、培训师朋友们（按笔画排序）：王鹏、王清纯、王海英、古典、史延岩、冯小雪、李春雨、李阳、林文菲、任卫军、刘佳、吴珂、佟海宝、张熙、杜坚、邹炜、徐建春、董维莉、廖舒祺，与你们共同研究和讨论生涯规划、职业发展课题的过程，为我写作本书提供了很多素材。

感谢我在北京人民广播电台的朋友李湘麓。每周一次，他邀请我作为嘉宾，参与录制他主持的一档电台节目，这段经历成为我写作的重要动力。

感谢秋叶大叔帮助我修改本书的目录，他的修改让这本书的定位更加准确，变得更加吸引人。同时感谢宋文艳、萧秋水、陈大可、展叔、易仁永澄、李海峰等秋叶写作课的伙伴们，与你们一起讨论写书的过程使我深受启发。

同时感谢在人力资源领域、媒体领域、教育培训领域的朋友们，在这里，我要对你们给予我的启发和鼓励，深表感谢。

感谢这本书的编辑，磨铁图书的周亚菲和林展秋，是你们对这本书的耐心，对各个细节的把控，帮助我一点一点地完善了这本书。

最后，感谢读了这本书的你。希望这本书能够对你有些帮助，也非常期待你的反馈，我在微信公众号治愈马（ID：zhiyuma250）等你。

扫一扫，发现职场转机的秘密。

图书在版编目（CIP）数据

思维破局 / 马华兴著. — 北京 : 北京联合出版公司, 2018.9

ISBN 978-7-5596-2387-4

Ⅰ. ①思… Ⅱ. ①马… Ⅲ. ①成功心理—通俗读物 Ⅳ. ①B848.4-49

中国版本图书馆CIP数据核字（2018）第162578号

思维破局

作　　者：马华兴

责任编辑：郑晓斌　徐　樟

封面设计：沐希设计

版式设计：木言设计

北京联合出版公司出版

（北京市西城区德外大街83号楼9层　100088）

北京嘉业印刷厂印刷　新华书店经销

字数173千字　700毫米×980毫米　1/16　14.5印张

2018年9月第1版　2018年9月第1次印刷

ISBN 978-7-5596-2387-4

定价：45.00元
